HÜHNER HALTEN

für Anfänger

Das große Praxisbuch zur artgerechten
Hühnerhaltung im Garten –
Alles über Anschaffung, Pflege, Futter,
Hühnerställe, Eier und Rassen

Dr. Benedikt Sauer

EULOGIA
VERLAG

Inhaltsverzeichnis

Grußwort . . . 3

Vorwort . . . 5

1. Eigene Hühner? Die Motivation! . . . 7
2. Pflege und Grundlagen der Hühnerhaltung . . . 23
3. Evolution und die Entwicklung der Haushühner . . . 52
4. Anatomie . . . 63
5. Ernährung und Futterkunde . . . 79
6. Verhaltensweisen und Sozialstruktur . . . 94
7. Beliebte Hühnerrassen . . . 107
8. Hühnerstall, Bauanleitung und Auslauf . . . 150
9. Küken ausbrüten als Anfänger: ja, nein, vielleicht? . . . 173
10. Alles rund um Eier . . . 179
11. Gesundheitsvorsorge und Erkrankungen . . . 187

Abschluss . . . 232

Danke! . . . 235

Grußwort

„Wir leben in einer Zeit, in der der Schutz der Natur, des Klimas und der Tiere gesellschaftlich in aller Munde ist. Gleichzeitig hat der Mensch kaum noch etwas mit der Natur zu tun. Durch globalen Handel, Technik und virtuelle Welten fehlt ihm das Gefühl, Teil dieser belebten Natur zu sein.

Wir alle wissen, dass die Umwelt zu schützen ist. Dass man mit Lebewesen gut umgehen muss. Gerade die gewinnmaximierte industrielle Massentierhaltung für Fleisch und Eier zeigt auf, wie extrem der moralische Anspruch an Tierwohl und die Realität auseinanderklaffen. Viele Hunderte Millionen Hühner fristen ein zu qualvolles Leben – verglichen mit dem, was möglich wäre!

Alfred Karl Walter, 1. Vorsitzender im Landesverband Hannoverscher Rassegeflügelzüchter, Stiftungsratsvorsitzender der Stiftung zur Förderung von Wissenschaft, Forschung und Bildung für den Bereich des Rassegeflügels. Links ein Ohiki-Hahn.

Im Deutschen haben wir den schönen Begriff „Begreifen". Durch die private Hühnerhaltung wird die Wertschätzung den Hühnern gegenüber neu belebt und viel umweltrelevantes Wissen begreifbar. Zum Beispiel der Kreislauf: Hühner, Mist, Kompost, Insekten, Dünger, Gartenvögel, Gartenbau und Biodiversität.

Jeder neue Hühneranfänger ist dabei ein enormer Gewinn. Über Deutschland verteilt gibt es über 4.000 Ortsvereine, deren Zweck es ist, die private Geflügelhaltung artgerecht zu fördern und alte Rassen durch Zucht und Vergleichsschauen weiter am Leben zu erhalten. Als Landesverbandsvorsitzender lade ich alle neuen Hühnerhalter ein, in das Vereinsleben mit Gleichgesinnten hineinzuschnuppern, zu lernen, sich zu engagieren und vielleicht sogar später in die Erhaltungszucht einzusteigen. Alle aktiven Ortsvereine sind leicht über das Internet zu finden: Die meisten sind nach dem Muster RGZV, GZV, KTZV + Ortsname benannt (RGZV = Rassegeflügelzuchtverein; GZV = Geflügelzuchtverein; KLZV = Kleintierzuchtverein (Geflügel + Kaninchen)).

Auf der Webseite meines Landesverbandes gibt es eine Übersicht über die Kreis- und Ortsvereine. Schaut gerne mal rein:

Landesverband Hannoverscher Rassegeflügelzüchter e.V.

https://www.lvh-rassegefluegel.de/

Helft mit, unseren schönen Geschöpfen eine Zukunft bei Tierliebhabern zu geben und 365 Tage im Jahr aus unserer alltäglichen Blase einzutauchen in die Beziehung zwischen Mensch und Tier, um die Natur einfühlsam mit allen Sinnen zu spüren."

Alfred Karl Walter

Vorwort

Wie wunderbar! Wir haben ein gemeinsames Hobby: die private Hühnerhaltung im eigenen Garten. Seit vielen Jahren bin ich mit Begeisterung dabei und habe unzähligen Interessierten und Anfängern bei ihrem Start in die Hühnerhaltung geholfen: Nicht mal ein Jahr nach meinem Eintritt in den Rassegeflügelzuchtverein Göttingen wurde ich Obmann für Öffentlichkeitsarbeit. Kurz war ich auch Ausstellungsleiter und dann plötzlich im Kreisverband Südhannover Obmann für Öffentlichkeitsarbeit und erster Vorsitzender im Verein.

Autor Dr. Bene mit einem jungen Bielefelder Kennhuhn-Hahn.

Aber am meisten habe ich wohl über meinen YouTube-Kanal „Dinosauer“ bewirkt, auf dem ich mit über 400 Hühnervideos bereits Hunderttausende von Hühnerfans erreicht habe. Der Name „Dinosauer“ ist kein Zufall, sondern bewusst an „Dinosaurier“ angelehnt – eine Faszination, die mich schon als kleiner Junge gepackt hat. Ich habe damals alle verfügbaren Informationen regelrecht in mich aufgesogen.

Kein Wunder also, dass es mich nach meinem Abitur und Zivildienst nach Göttingen zum Studium der Geowissenschaften gezogen hat. Dort lehrte der (für Insider) bekannte Paläontologe Prof. Dr. Joachim Reitner, der sich in seiner Dissertation mit der Bildung von Eierschalen befasste – und zwar Eierschalen von Hühnern. Anhand dieser Forschung konnte er eine Menge über Dinosaurier ableiten. Schließlich sind unsere heutigen Vögel die direkten Nachfahren der Dinosaurier, die das Massenaussterben an der Kreide-Paläogen-Grenze, ausgelöst durch den Chicxulub-Asteroiden, überlebt haben. Unsere Hühner sind also direkte Verwandte von *Velociraptor mongoliensis* und *Tyrannosaurus Rex* (nur halt nicht solche Evolutionsversager).

Um die Dinosaurier unserer Zeit zu erleben, müssen wir also keine Universität besuchen oder in der Wüste Gobi nach versteinerten Knochen graben. Die Hühner im eigenen Garten bieten uns tagtäglich einen lebendigen Einblick in die jurazeitliche Welt – in voller Farbenpracht und mit ganz eigenem Soundtrack.

https://www.youtube.com/c/Dinosauer

Das Logo vom YouTube-Kanal Dinosauer zeigt einen Crevècoeur-Hahn mit verloren gegangenen Dinosauriermerkmalen.

1. KAPITEL

Eigene Hühner? Die Motivation!

Ein ungenutztes Stückchen Garten lässt uns nachdenken: Könnten sich dort nicht ein paar eigene Hühner wohlfühlen? Aber wie erklärt man das den Nachbarn, Verwandten, Arbeitskollegen und vor allem dem besserwisserischen Schulkollegen, den wir in zwei Wochen auf dem zwanzigjährigen Abschlusstreffen erstmals wieder treffen werden? Was ist unsere Antwort auf die entscheidende Frage:

Warum eigene Hühner halten?

Ich helfe mit ein paar Vorschlägen weiter. Bitte nach eigenem Gutdünken anpassen:

> „Wir haben jetzt frische, wertvolle eigene Eier von unseren glücklichen Hühnern."

> „Wir wissen genau, wie unsere Tiere leben, was sie fressen und welche Chemikalien sie nicht bekommen (z. B. Fiprinol)."

> „Unsere Marans-Henne Cupcake legt schokobraune Eier, so dunkel wie Kastanien. Schon mal so etwas probiert? Ach, und dann gibt es noch Frida, unsere Araucana-Henne, die bläuliche Eier legt. Von einem Freund aus dem Verein haben wir Trudi, eine Kreuzung der Rassen Marans und Araucana. Du wirst es kaum glauben: Sie legt Nato-olivgrüne Eier. Und unsere Bielefelder Henne Arminia legt hellbraune Eier

mit dunkelbraunen Punkten, auch sehr schick. Und über den Geschmack dieser Eier habe ich noch gar nicht gesprochen – einfach fantastisch!"

Bunte Eier von eigenen Hühnern: weiß von Crevècoeur, dunkelbraun von Marans, olivfarben von Mixen aus Marans und Araucana, blau vorne von einer Araucana, cremefarben rechts oben von einer Vorwerkhenne.

Eine Lavender-Araucana-Henne, auch Englische Araucana genannt. Der Schwanz und der Schopf sind die großen Unterschiede zum südamerikanischen Araucana ohne Schwanz.

Unsere Hühnerbank hat wahrscheinlich schon mehrfach unsere Ehe gerettet: Egal, wie stressig es wird – der gemeinsame Kaffee auf der Hühnerbank am Auslauf ist ein Ritual, dem man sich nicht entziehen kann. Dort, fernab vom Alltagsstress mit Arbeit, Kindern und Haushalt, haben wir endlich mal Zeit zum Reden oder einfach gemeinsam den Moment zu genießen und die Hühner zu beobachten. Sitzt man alleine auf der Hühnerbank, ist es ein meditatives Gehirn-baumeln-Lassen oder irrsinnig anregend, wie viele Ideen einem plötzlich in den Kopf schießen. Kaum ein Ort könnte eine bessere Verkörperung des „Inner Safe Place" sein.

Jedes Huhn ist einfach ein liebenswertes Geschöpf mit eigenem Charakter. Es ist unbeschreiblich, das Verhalten zu beobachten und Teil davon zu sein, wenn man mit der Hühnerschale aus der Küche zur Raptorenfütterung geht.

Eine Hühnerbank gehört in jeden Auslauf. Vorne links sind zwei Maranshennen in Schwarz-Kupfer, in der Mitte eine Bielefelder Henne, rechts daneben von hinten eine Mixhenne vor dem Bielefelder Junghahn, rechts am Rand eine Bielefelder und eine Crevècoeur. Unter der Bank versteckt sich der Labrador vor den Hühnern.

Die Hühner-Hölle der gewinnmaximierenden Geflügelindustrie

Was meist lieber ausgeblendet und totgeschwiegen wird, darf ebenfalls ein starker Motivator sein, um selbst Hühner im eigenen Garten zu halten.

In der Massentierhaltung dominieren und wachsen die Unternehmen, die am meisten Geld erwirtschaften. Das geht fast zwangsläufig massiv zu Lasten der Tiere. Durch die Ausnutzung von Qualzucht-Hybrid-Hühnern kann der Gewinn maximiert werden.

Hybride

In der Biologie ist ein Hybride ein Lebewesen, das aus der geschlechtlichen Fortpflanzung zwischen verschiedenen Gattungen, Arten oder Populationen hervorgegangen ist. In der Zucht wird der Begriff Hybride für Nachkommen von Kreuzungen verschiedener Rassen oder Zuchtlinien verwendet. Masthybridhühner (Broiler) wurden für kommerzielle Zwecke gezüchtet. Sie wachsen extrem schnell. Es sind sowohl Hähne als auch Hennen.

Legehybridhühner wurden für die maximale Eierproduktion gezüchtet. Da Hähne keine Eier legen, können wir auch von Legehybridhennen sprechen. Die Hähne werden vor oder nach dem Schlupf getötet; sie werfen keinen Gewinn ab.

Der Pro-Kopf-Verbrauch beträgt 236 Eier in Deutschland pro Jahr. Es gibt **50,3 Millionen Legehennen in Deutschland** (2023), die 15,7 Milliarden Eier im Jahr legen. Die durchschnittliche Legeleistung von Hybridlegehennen beträgt 291 Eier pro Jahr und Henne. Stopp, Konsistenztest der Zahlen des Landwirtschaftsministeriums (BMEL): 15.700.000.000 Eier geteilt durch 50.300.000 Hennen im Jahr ergibt eine Legeleistung von 312 Eiern im Jahr. Seltsam, warum gibt das BMEL 291 als durchschnittliche Legeleistung an? Sei es drum. 64,2 % der Legehennen befinden sich in Bodenhaltung (inklusive 4,5 % Käfighaltung, die Ende 2025 beendet werden soll), 22,3 % im Freiland und 13,5 % in ökologischer Haltung. Alle diese Hennen haben zumeist

Legehybridhennen Lohmann-Braun aus Freilandhaltung im Zelt. Legeleistung bis 320 Eier im ersten und meist einzigen Legejahr. Quelle: © hsntarik/Shutterstock.com.

nach der ersten Legeperiode ausgedient und werden „entsorgt“. Eine Legepause für die Mauser inklusive Regeneration des Legeapparates würde die Produktionskosten erhöhen. Außerdem sind die qualgezüchteten Legehybriden zu dem Zeitpunkt körperlich meist schon völlig am Ende.[1]

Legehennen

Nach der Tierschutz-Nutztierhaltungsverordnung dürfen auf einem m² Stallgrundfläche nicht mehr als neun Legehennen gehalten werden. Gibt es allerdings eine weitere nutzbare Ebene (Schlafstangen, Nester etc.), so dürfen achtzehn Legehennen pro Quadratmeter gehalten werden. Für jeweils sieben Hennen soll mindestens ein Legenest vorhanden sein. Es dürfen nicht mehr als 6.000 Legehennen ohne räumliche Trennung gehalten werden. In der Freilandhaltung stehen jeder Legehenne 4 m² an Auslauffläche zu.

Wusstest du, dass bei den Küken immer 50 : 50 Hähne und Hennen schlüpfen? Das ist wie bei Säugetieren genetisch zum Zeitpunkt der Befruchtung so festgelegt und kann auch nicht gezielt beeinflusst

---

[1] Bundesministerium für Landwirtschaft BMEL https://www.bmel-statistik.de/landwirtschaft/tierhaltung/gefluegelhaltung

werden. Bis 2022 war es in Deutschland noch üblich, jährlich etwa 40.000.000 männliche Eintagsküken der Wirtschaftslegerassen zu vergasen oder zu schreddern. Das neue Verbot des Kükentötens aus dem deutschen Tierschutzgesetz gilt allerdings nicht für die EU oder gar weltweit. Somit hat sich dieses Problem wahrscheinlich nur verlagert, in Nachbarländer (außer Frankreich, Österreich, Luxemburg, dort gelten ähnliche Gesetze). Oder verlagert in die Brutphase. Es gibt Verfahren, bereits während der 21 Tage dauernden Brut von Hühnerküken im Ei zu erkennen, ob dort ein kleiner Hahn oder eine Henne wächst. Wird erkannt, dass ein Hahn schlüpfen würde, wird der Brutvorgang abgebrochen, quasi wie eine Abtreibung bei Säugetieren. Hierbei ist wissenschaftlich nicht final belegt, ab welchem Bruttag die Küken im Ei bereits Schmerzen empfinden können. Der Gesetzgeber hat hierfür den dreizehnten Bebrütungstag festgelegt.[2]

Hennen fangen mit circa 21 Wochen an, Eier zu legen. Das kann man sich einfach merken, da Hühnerküken nach 21 Tagen Brut schlüpfen. Nachdem Hühner ausgewachsen sind, erneuern sie normalerweise einmal im Jahr ihr gesamtes Federkleid: die Mauser. Das passiert je nach Tier und Rasse zwischen Spätsommer und Winterbeginn. Die Mauser ist körperlich für die Hühner so anstrengend, dass sie in dieser Zeit nicht auch noch zusätzlich Eier legen können. Für Wirtschaftsindustriehühnerhalter, die rein gewinnorientiert getrieben sind, werden die Hühner in diesem Moment unrentabel und daher oft genau nach der einen ersten Legeperiode schon abgestoßen, entsorgt oder in seltenen Fällen an „Rettet das Huhn" übergeben. Diese Hühner sind meistens in einem erbärmlichen körperlichen Zustand. Da sie auf maximale Legeleistung gezüchtet wurden, werden sie nach der Mauser auch in ihrem zweiten Lebensjahr fleißig Eier legen. Bei diesen Hochleistungshühnern ist es allerdings fast nicht möglich, ausreichend Kalzium für die ständige Eierschalenproduktion in die Henne hineinzubekommen. Wissenschaftliche Studien haben belegt, dass beinahe jede dieser Hennen an Osteoporose und/oder Knochenbrüchen leidet.

---

2 BMEL, Zugriff Juli 2024: https://www.bmel.de/DE/themen/tiere/tierschutz/tierwohl-forschung-in-ovo.html

Eine „gerettete“ Legehybridhenne in schlechtem Gesundheitszustand. Quelle: © Colin Seddon/Shutterstock.com.

„Geflügelfarm“ mit Tausenden weißen Masthybridhühnern. Quelle: © AlexanderLipko/Shutterstock.com.

Einen guten Überblick über diese Zusammenhänge gibt die Studie des Friedrich Löffler Institutes „Brustbeinschäden bei Legehennen – aktueller Stand des Wissens“.[3]

Diese Hühner sind also die wahrscheinlich schlechtesten Anfängerhühner, die man sich kostenlos (gegen eine Spende) bei „Rettet das Huhn“ anschaffen kann. Auch bittet der Verein darum, die Eier nicht zu essen, und man verpflichtet sich, die oft hohen Tierarztkosten für die Hühner zu übernehmen. Im Notfall selbst erlösen darf man die

---

[3] https://www.openagrar.de/servlets/MCRFileNodeServlet/openagrar_derivate_00047411/FLI-Zusatzinformation_Brustbeinschaeden-bei-Legehennen_bf.pdf

„geretteten" Hühner auch nicht („Schutzvertrag"). Mehr dazu, wo man seine ersten Hühner kauft, im folgenden Kapitel.

Masthühner

Es gibt etwa **88 Millionen Masthühner** in Deutschland. Da diese aber nur vier bis sechs Wochen leben und Mastdurchgang auf Mastdurchgang folgt, werden im Jahr über **600.000.000 Masthühner** geschlachtet. 80 % davon in Betrieben mit mehr als 50.000 Haltungsplätzen (meist zusammengepfercht in einer hermetisch abgeschlossenen Halle). Nur 2 % der Masthühner befinden sich in Biobetrieben. Beim Schlupf wiegen die Küken 40 g, circa 42 Tage später schon 2.800 g. Die Besatzdichte von **39 kg / m²** darf nicht überschritten werden (Tierschutz-Nutztierhaltungsverordnung). Bei 1,5 kg schweren Hühnern bedeutet das 26 Tiere pro m². Dieses aufgeschlagene Buch entspricht DIN A4, also 0,062 m² (= ein Sechzehntel m²). Auf dieser Fläche sind 2,4 kg Huhn erlaubt. Auf der folgenden aufgeschlagenen Seite ist das Foto von einem meiner circa 2,4 kg schweren Hühner, das ich auf ein DIN-A4-Blatt gesetzt und von oben fotografiert habe. Bitte blättert gleich mal um und überlegt, ob dieses vom Gesetzgeber festgeschriebene Platzangebot für euch so in Ordnung geht. Falls nicht, fühlt euch bestärkt in dem Vorhaben, selbst Hühner unter tiergerechten Bedingungen zu halten.

Es wird noch schlimmer: Um die 39 kg / m² nicht zu überschreiten, werden im Splitting-Mastverfahren daher am Tag 28 schon mal 25 % der Hühner entnommen, um noch mehr Gewinn aus dem Mastdurchgang zu generieren. Die Entnahmemaschine ähnelt einem umgebauten Maishäcksler. Verhaltensstörungen, Erkrankungen und Tierleid sind vorprogrammiert. Mir wird tatsächlich körperlich übel beim Recherchieren dieser „Tatbestände".

Qualzucht

Eine Qualzucht ist in § 11b Tierschutzgesetz definiert:
Es ist verboten, Wirbeltiere zu züchten, wenn Erkenntnisse erwarten lassen, dass als Folge bei der Nachzucht erblich bedingt Schmerzen, Leiden oder Schäden auftreten oder die Haltung nur unter Schmerzen oder vermeidbaren Leiden möglich ist.

Dieser Paragraf betrifft alle Tiere, auch die Nutztiere. Leider wird dies seit über 20 Jahren ignoriert und nicht vollzogen. Aktuell (Herbst 2024) ist eine Reform des Tierschutzgesetzes in der Vorbereitung. Unter § 11b sollen konkrete Merkmale in einer nicht abschließenden Liste benannt werden, z. B. Lahmheit, Atemnot, verkürzte Lebenserwartung. Ein Ausstellungs- und Werbeverbot mit qualgezüchteten Tieren soll kommen. Die Qualzucht zum Zwecke der Beseitigung erblich bedingter Leiden darf unter Darlegung eines geeigneten Zuchtkonzeptes weiter erfolgen. Für den Rassegeflügelbereich könnte dies ein guter Wink mit dem Zaunpfahl sein, damit übertypisierte Rassemerkmale auf ein akzeptables Maß zurückgefahren werden. Zum Beispiel übergroße Bärte bei den Bartzwergen, die die Sicht einschränken. Es könnte aber auch ein willkommenes Schlupfloch für Firmen sein, um die Qualzucht-Hybrid-Hühner wie gehabt noch fünfzehn weitere Jahre so zu züchten, zu verkaufen und zu verwenden.

Für fünfzig Millionen Legehybridhennen und 88 Millionen Masthybridhühner können wir die Welt nicht verändern. Wir können aber in unserem Garten für eine Gruppe Tiere ein Hühnerparadies schaffen. Damit untergraben wir ein kleines Stück weit das System der Geflügelindustrie.

Aus Interesse habe ich meine Geflügelfreunde gefragt, warum sie Hühner halten. Es kamen Standardantworten genauso wie kreative und auch herzerwärmende Aussagen zu den eigenen Hühnern:

39 kg Huhn pro m² ist vollkommen okay! Das sagt die deutsche Tierschutz-Nutztierhaltungsverordnung. 600 Millionen Masthühner in Deutschland im Jahr haben niemals mehr Platz. Ich habe das auf ein DinA4-Blatt umgerechnet: 2,4 kg. Die auf dem Bild zu sehende eingeengte junge Bielefelder Henne wiegt etwa 2,6 kg. Sie hat entsprechend auch ein wenig mehr Platz als das DinA4-Blatt, auf dem sie steht. Ist das Tierschutz?

28 29 30 31

Hühner als Familiengemeinschaftsprojekt. Bildung für Nachhaltige Entwicklung zum Anfassen und Begreifen. Quelle: © BearFotos/Shutterstock.com.

Caren: „Hauptgrund für mich sind die bunten Eier, die ich sonst nirgendwo kaufen kann."

Michael: „Ich bin besorgt über die sich wiederholenden Lebensmittelskandale. Bei den Eiern von meinen Hühnern weiß ich wenigstens, was ich gefüttert habe."

Thorsten: „Ich möchte mich weitestgehend selbst versorgen mit Eiern und auch Fleisch. Daher halte ich Mechelner Hühner."

Gerd: „Für mich sind die Hühner so eine Art Garten-Haustier. Auch als Bildungsaspekt für meine Enkel."

Petra: „Mit den Hühnern schufen wir uns als Familie ein Gemeinschaftsprojekt, bei dem alle mit anfassen. Es ist schön

Welche Rasse mag das sein? Ich kann nur den Einfachkamm nicht so recht erkennen. Dennoch, mein Tipp: Cochin. Henne bis 4,5 kg, 120 braungelbe Eier im Jahr. Quelle: © guys_who_shoot/ Shutterstock.com.

zu sehen, wie die jungen Teenager irgendwann von selbst Verantwortung übernehmen und Eigeninitiative zeigen."

Werner: „Über das Hobby Rassegeflügel konnte ich auch nach dem Tod meiner Frau einige Sozialkontakte aufrechterhalten. Ohne das wäre ich sicher in ein noch tieferes Loch gefallen."

Stefanie: „Meine Hühner geben mir tatsächlich Gesellschaft, wenn ich mich einsam fühle."

Uwe: „Mit meiner Hühnerzucht helfe ich eine alte Haushuhnrasse am Leben zu erhalten. Ich bin einer von nur circa zehn Züchtern in ganz Deutschland. Es würde mich schmerzen, wenn diese genetische Reserve gänzlich verloren geht."

Viele sagten Folgendes: „Die Hühner zu beobachten beruhigt. Sie strahlen eine meditative Ruhe aus. Hühner sind meine Therapeuten. Unsere Hühner sind lustige Gartenbewohner. Hühner machen glücklich. Man kann die Seele baumeln lassen, wenn man den Hühnern zuschaut."

Toni: „Mit eigenen Hühnern nehme ich den Tierschutz selbst in die Hand und entlaste die Industrie-Hühner."

Maria: „Hühner sind ein Stück Lebensqualität, sie helfen mir morgens aufzustehen, beleben den Garten und sehen sehr dekorativ aus."

Daniel: „Die Hühner haben mich zum Vegetarier gemacht, wodurch sich dann ein gesundheitliches Problem in Wohlgefallen aufgelöst hat."

Sandra: „In meinem permakulturnahen Garten sind die Hühner gute Gartenhelfer: Sie minimieren Schädlinge, unterstützen bei der Bodenbearbeitung, entfernen Moos aus dem Rasen und werten mit dem Kot den Kompost auf."

Zuchtfreund Edu (86) mit einer Zwerg-Welsumer Henne, orangefarbig. Sie wiegt 1 kg und legt 180 Eier im ersten Legejahr, der Topwert unter den Zwergen.

Finn: „Die Hühner erleichtern unser schlechtes Gewissen: Früher war unsere Biotonne oft gut gefüllt mit Essen, Gemüse, Obst und Brot, was eigentlich noch ‚verzehrbar' gewesen wäre, aber eine Druckstelle hatte oder das Mindesthaltbarkeitsdatum war überschritten. Jetzt können uns die Hühner das alles in Eier umwandeln."

Edu: „Mit den Hühnern bleibt man im Alter lange fit, wenn man etwas hat, worum man sich kümmern kann."

Madeleine: „Hühner haben mir in einer schweren Lebensphase zum Lebenswillen zurückgeholfen. Ich habe gleich mit der Zucht angefangen und auch über den Verein – denn Zucht braucht eine Sicht in die Zukunft – ein Ziel. Hühner sind enorm feinfühlig. Die Arbeit mit den Hähnen hat mir Selbstvertrauen und Selbstbewusstsein zurückgebracht. Und die Küken sind einfach eine Freude. Mit dem Bauen des Stalls habe ich Stück für Stück ein ganz neues Leben gebaut und will es nicht mehr hergeben!"

Der Umgang mit so imposanten Tieren wie diesem Marans-Hahn in Schwarz-Kupfer gibt Selbstvertrauen und bereitet Freude.

Ich hoffe, du kannst dich jetzt oder in ein paar Monaten in vielen dieser Aussagen wiederfinden.

Im nächsten Kapitel geht es weiter mit den Grundbedürfnissen der Hühner und wie viel Zeitaufwand man für die Pflege einplanen sollte.

Der ehemalige Schulkollege vom Klassentreffen am Anfang des Kapitels, der euch ernsthaft interessiert zugehört hat, bittet plötzlich darum, euch demnächst mal besuchen zu dürfen. Er kann sich nun auch gut vorstellen, eigene Hühner zu halten. Vielleicht ist er ja doch ganz in Ordnung?

2. KAPITEL

Pflege und Grundlagen der Hühnerhaltung

„Artgerechte Hühnerhaltung" ist leider nicht klar definiert. Für Werbezwecke genügt meistens schon die Einhaltung des Tierschutzgesetzes, dessen Wirksamkeit umstritten ist, und die engen Platzvorgaben aus der Nutztierhaltungsverordnung. Einige Vertreter der Geflügelindustrielobby stellen tatsächlich die Frage, ob Vögel überhaupt in der Lage sind, Schmerz und Leid zu empfinden. Genauso gut könnte man infrage stellen, ob Papst Franziskus tatsächlich ein Christ ist. Übrigens hat er sich nach Franz von Assisi benannt, dem Schutzpatron der Tiere und der Umwelt.

Ich persönlich habe ein kleines Problem mit dem Begriff „Artgerechte Tierhaltung". Korrigiert mich, aber wörtlich genommen kann doch eine Haltung, die der Art gerecht wird, nur eine solche sein, in der beide Geschlechter gehalten werden. Zudem sollte in dieser Haltung auch Nachwuchs gedeihen dürfen. Ansonsten wäre doch die Haltung der Art nach der ersten Generation schon wieder beendet.

Unsere Gartenhühner sind aber nun mal nicht mehr die im südostasiatischen Wald überlebensfähigen Ursprungshühner. Unsere Hühner wurden über Jahrtausende gezüchtet und sind als Haushühner an das Zusammenleben mit Menschen gewöhnt und angepasst. Ohne die Obhut von uns wären die Rassehühner in unserer Umwelt nicht lange überlebensfähig. Auch hat nicht jeder von uns einen für die Nacht gut schallisolierten Stall oder eben eine sehr tolerante Nachbarschaft. Sich auch um Hähne und Nachzucht kümmern zu dürfen ist also ein Privileg von wenigen.

Wenn wir uns jedoch als Gemeinschaft von Hühnerhaltern betrachten, ist das vollkommen in Ordnung. In der Summe sind wir damit auf dem Weg der artgerechten Hühnerhaltung, sodass sich auch reine Hennenhalter nicht ausgeschlossen fühlen müssen.

Wenn wir unsere Kriterien für eine artgerechte Hühnerhaltung definieren, ist dies mein Vorschlag:

Folgende Voraussetzungen müssen erfüllt sein:

- Die Haltungsbedingungen sollen den ursprünglichen natürlichen Lebensbedingungen ähneln.
- Es wird Rücksicht auf die angeborenen Verhaltensweisen der Hühner genommen.
- Die Gruppengröße und -zusammensetzung ist an das Sozialverhalten angepasst.
- Der Bestand soll langfristig gesund erhalten bleiben.

Fazit: Die Tiere fühlen sich artgerecht wohl.

V. l. n. r.: Olivleger-Henne (Marans x Lavender), Marans-Henne, Silverudds-Hahn, halbe Ayam-Cemani-Henne.

Auszug aus dem Tierschutzgesetz

§1 Zweck dieses Gesetzes ist es, aus der Verantwortung des Menschen für das Tier als Mitgeschöpf dessen Leben und Wohlbefinden zu schützen. ***Niemand darf einem Tier ohne vernünftigen Grund Schmerzen, Leiden oder Schäden zufügen.***

§2 Wer ein Tier hält, betreut oder zu betreuen hat,

1. *muss das* ***Tier seiner Art und seinen Bedürfnissen entsprechend angemessen*** *ernähren, pflegen und verhaltensgerecht unterbringen,*
2. *darf die* ***Möglichkeit des Tieres*** *zu artgemäßer Bewegung* ***nicht so einschränken****, dass ihm Schmerzen oder vermeidbare Leiden oder Schäden zugefügt werden,*
3. *muss über die für eine angemessene Ernährung, Pflege und verhaltensgerechte Unterbringung des Tieres erforderlichen* ***Kenntnisse und Fähigkeiten*** *verfügen.*

Was braucht ein Huhn, um sich wohlzufühlen?

Ein gut strukturierter Auslauf mit Büschen und Bäumen, unter denen es Deckung finden kann, bietet ihm ein Gefühl von Sicherheit. Die Futtersuche, das Scharren und das Picken sind die Lieblingsbeschäftigungen und dienen als Zeitvertreib. Dabei sind über 10.000 Pickanschläge pro Huhn und Tag normal. Jedes Mal, wenn der Schnabel etwas Fressbares findet, ist das ein kleiner Dopaminkick fürs Hühnerhirn.

Einzeln gehaltene Hühner gehen langsam zugrunde. Eine Sozialgesellschaft ist für Hühner absolut essenziell. Ich empfehle mindestens fünf Hühner als Untergrenze. Drei oder vier mögen aber als absolutes Minimum in Ordnung sein. Wenn man mit den ersten Hühnern auf den Geschmack gekommen ist, wird man die Gruppe sowieso vergrößern wollen. Die wilden Bankivahühner leben in Gemeinschaften von bis zu fünfzig Tieren. Zur Paarungszeit sondert sich jeweils ein Hahn mit drei bis fünf Hennen von der großen Gruppe ab.

Hühner brauchen frische Luft, Sonne, Wind und Wetter, um robust und gesund zu bleiben. Wichtig sind Möglichkeiten zur Körperpflege (Staubbad), Sicherheit vor Raubtieren gerade in der Nacht (verschließbarer Stall), ein etwas versteckter Ort, um ein Gelege anzulegen

Eine Henne genießt ihr Staubbad zur Gefiederpflege. Welche Rasse ist es? Mein Tipp: eine Bovans oder Marans+-Legehybride. Legeleistung etwa 270 Eier im ersten Jahr. Quelle: © Peter Cripps/Shutterstock.com.

(Legenester) sowie ausreichend gutes Futter und Wasser. Bei guter Haltung sind Hühner durchaus robust und krankheitsresistent; kleine Wunden heilen extrem schnell. Falls es dennoch zu einem Parasitenbefall oder einer schlimmeren Krankheit kommt, benötigen die Hühner für ihr Wohlbefinden unsere Unterstützung (mehr dazu später).

Wie läuft der Tag für die Hühner ab?

Mit den ersten Sonnenstrahlen wachen sie auf den Schlafstangen auf und springen auf den Stallboden. Sie fressen, trinken und warten dann sehnsüchtig darauf, dass endlich die Klappe zum Auslauf aufgeht. Endlich ist es so weit: Sie stürmen in den Auslauf, scharren und picken neugierig an vielversprechenden Stellen. Dabei unterhalten sie sich und rufen sich zu, wo es interessantes Futter gibt. Die Kommunikation läuft ständig. Gack, gack [~ „Ich bin hier, wo bist du?"].

Erst mal ein Nickerchen auf der Kante des Komposthaufens. Oh, da kündigt sich ein Ei an. Gockgockgooock gock [~ „Ich brauche gleich Platz im Lieblingsnest!"]. Ab in den Stall, hoffentlich ist das Nest frei. Ei ablegen, etwas trinken und fressen und wieder raus. GOOOCK GOOK GOCK [~ „Ich habe mein Ei gelegt, jetzt seid ihr dran."].

Die Sonne ist mittlerweile weitergewandert. Hey, ein Staubbad wäre jetzt gut. Der Hahn kommt an und balzt. Er tut so, als ob er stolpern würde, und zieht den einen Flügel so komisch runter. Okay, warum nicht, die Angebetete hockt sich hin.

Scharren, picken, Gefiederpflege, Nickerchen, scharren, picken. Hat da gerade eine rangniedere Henne der Alphahenne ein Leckerchen vor dem Schnabel weggeschnappt? Dafür kriegt sie jetzt erst mal einen Nackenschlag mit dem Schnabel. Die Rangordnung ist schließlich nicht ausgewürfelt, dafür hat jede hart gearbeitet. Noch ein Nickerchen.

Plötzlich vom Hahn: GRRRRrrrrr [~ „Achtung: Roter Alarm, Feindkontakt“]. Eine Katze sitzt im Gebüsch in der Nähe. Alle Hennen versammeln sich hinter dem Hahn. Die Hälse hochgereckt. Was macht die Katze? Die Alphahenne stimmt den chaotischen Kriegsgesang an: Poock POOOCK POOCK [~ „Vereint sind wir stark!“]. Der Hahn macht, die Flügel schlagend, einen Schritt auf die Katze zu. Alle Hennen folgen, die Katze fest im Blick. Die rangniedrigste Henne bekommt Panik und flattert wild auf. Alle Hennen flattern wie wild durcheinander. Der Hahn geht noch drei Schritte weiter auf die Katze zu. Diese hat nicht mit einem solchen Spektakel gerechnet. Sie maunzt kurz, dreht um und rennt davon. Diese Schlacht haben die Hühner gewonnen. Erst mal picken, fressen und von der Aufregung erholen.

Ein Kämpferhahn verscheucht zwei aufdringliche Katzen. Quelle: © Foto Camerica/Shutterstock.com.

Es wird langsam dunkel, zurück in den Stall, noch mal für die Nacht vollfressen und etwas trinken. Hoffentlich hat niemand dem Hahn oder der Alphahenne den Stammplatz auf der Schlafstange geklaut. Sonst gibt es Ärger.

Und jetzt das Ganze aus der Sicht des Hühnerhalters. Die Hardware, also Stall, Auslauf, Zaun und Ausstattung, besprechen wir in einem gesonderten Kapitel.

Tägliche Aufgaben des Hühnerhalters:

Morgens:

- Hühnerklappe öffnen
- Kurzer Sichtcheck, ob alles in Ordnung ist: Hühner, Futter, Wasser.
- Zeitbedarf: ca. 3 Min.

Falls eine automatische Hühnerklappe vorhanden ist, kann dieser Schritt entfallen; die Sichtkontrolle und der Futter-/Wassercheck werden dann nachmittags durchgeführt. Eine Sicherheitskamera im Hühnerstall kann ein hilfreiches Instrument sein, um bei Zeitmangel einen Gang zu den Hühnern zu ersparen.

Ein Stamm Orpingtons in Gold-Schwarzgesäumt. Hahn 4,5 kg, Henne 3,5 kg. Legeleistung 180 gelbschalige Eier im ersten Legejahr. Flugfaule, ruhige Hühner. Quelle: © olympuscat/Shutterstock.com.

Es ist jedes Mal eine Freude, im Austausch für die Pflege der Hühner von ihnen Eier geschenkt zu bekommen. Unbezahlbar! Quelle: © IRA_EVVAÄ/ Shutterstock.com.

Nachmittags:

- Legenester kontrollieren und Eier entnehmen
- Sichtcheck Hühner
- Bei Bedarf Futter und Wasser auffüllen
- Küchenreste verfüttern: Hühnertaugliche Reste aus der Küchenschüssel anbieten
- Kotbrett sauber machen
- Zeitbedarf: ca. 10 Min.

Falls man anstelle des Kotbretts Kotbunker (wie im Kapitel „Stall“ gezeigt) hat, verschiebt sich diese Arbeit auf die wöchentlichen oder saisonalen Aufgaben.

Optional, aber wärmstens empfohlen: Einen Cappuccino auf der Hühnerbank am Auslauf trinken, die Hühner genießen, dabei entweder relaxen oder Pläne schmieden.

Abends:

- Wenn alle Hühner im Stall auf der Schlafstange sitzen, die Hühnerklappe schließen
- Zur Sicherheit kurz durchzählen, ob alle da sind

Fünf junge Hennen auf der Schlafstange. Darunter auf dem Kotbrett der Kot von zwei Nächten. Vorne drei Deutsche Reichshennen in Rot. Dahinter zwei Nackthalshennen in Rot.

- Legenester noch mal kurz kontrollieren, Eier entnehmen und eventuell im Nest schlafende Hennen tadeln und auf die Sitzstange setzen
- Zeitbedarf: ca. 4 Min.

Falls eine automatische Hühnerklappe vorhanden ist, darf dieser Schritt bei Zeitmangel auch mal ausfallen. **Täglicher Zeitbedarf: 17 Minuten**

Zusätzliche wöchentliche Aufgaben des Hühnerhalters

Kontrollgang im Auslauf: Gibt es Schwachstellen im Zaun oder wild angelegte Gelege mit Eiern? Stichprobenartige Gesundheitschecks mit Handkontrolle (siehe Kapitel zur Gesundheit). **Zeitbedarf: circa 20 Minuten.**

Edu beim Gesundheitscheck einer Zwerg-Welsumer-Henne in Orangefarbig. Der blaue BDRG-Bundesring am Lauf der Henne zeigt an, dass sie 2024 geschlüpft ist. Die Ringfarben wechseln jedes Jahr, sodass man mit einem Blick das Alter der Tiere erkennen kann. 2021 weiß, 2022 schwarz, 2023 gelb, 2024 blau, 2025 grün, 2026 grau; 2027 geht es wieder mit Weiß los.

Zusätzliche saisonale Aufgaben des Hühnerhalters

- Futter und Einstreu kaufen und einlagern
- Stall ausmisten
- Gegen die Newcastle-Krankheit impfen (ist in Deutschland gesetzlich verpflichtend ab dem ersten Huhn)
- Gesundheitscheck aller Hühner durchführen
- Verbesserungen im Auslauf oder Stall: streichen, warten, reparieren
- Gegebenenfalls Schadnager bekämpfen

Im Frühling: Jetzt legen die Hennen die meisten Eier. Der Garten blüht auf und das Leben in der Natur erwacht von Neuem. Genießt die ersten wärmenden Sonnenstrahlen. Brutfreudige Rassen (z. B. Zwerg-Wyandotten, Seidenhühner, Urzwerge) setzen sich jetzt fest auf ein

Nest mit Eiern und verteidigen es. Laufen sie doch kurz herum, geben sie die typischen Gluck-Gluck-Gluckengeräusche von sich. Bei der Glucke ändert sich hormonell einiges: Sie ist am Bauch deutlich wärmer und oft auch im Wesen verändert, meist deutlich wehrhafter und angriffslustiger den anderen Hennen und auch dem Halter gegenüber. Möchte man mit der Glucke brüten, sollte man sie von den anderen separieren, damit sie zum einen nicht ständig gestört wird und zum anderen während der Brut keine neuen frischen Eier mit ins Nest gelegt werden.

Eine ausführliche Anleitung zur Naturbrut würde hier leider zu weit führen. Eine kleine Warnung/Bitte: Eine un- oder irreführend informierte erstmalige Naturbrut ist KEIN Selbstläufer und endete schon oft mit vielen toten Küken. Wer sich hingegen vorab schlaumacht und/oder fachkundige Unterstützung bekommt, könnte auch als Hühneranfänger mit einer Kunst- oder Naturbrut großes Glück erfahren und selbst Küken aufziehen. Allerdings sind etwa die Hälfte der Küken Hähne und man sollte bereits vor der Burt eine Strategie haben, was mit den Hähnen passieren wird, sobald die anfangen zu krähen.

Die Glucke (Deutsche Zwerg-Wyandotte in Silber-Schwarzgesäumt) führt ihre Küken. An den nur sehr blassgelben Läufen und am blassen Gesicht erkennt man, wie anstrengend die letzten Wochen für sie waren. Bewundert die Säumung von Edus Henne.

Eine Glucke merkt leider nicht, ob sie auf befruchteten oder unbefruchteten Eiern sitzt. Sie brütet und brütet. Sind die Eier befruchtet, dauert die Brut von Hühnerküken 21 Tage bis zum Schlupf. Die Brut ist für die Glucke körperlich und psychisch eine große Herausforderung. Als ich mit einer Glucke eine Naturbrut durchgeführt habe, habe ich sie zu Beginn und am Ende gewogen: Sie hat ganze 30 % (!) ihres Gewichtes während der Brut verloren.

Gluckt eine Henne auf unbefruchteten Eiern, schlüpfen nach drei Wochen keine Küken und die Glucke brütet weiter. So haben sich schon etliche Glucken totgegluckt, die nicht entgluckt wurden. Zum Entglucken kann man verschiedene Eskalationsstufen probieren:

1. Der Glucke immer möglichst zügig jegliche Eier unterm Bauch wegnehmen. Sie vom Nest nehmen und in den Auslauf setzen. Wahrscheinlich wird sie sofort zurück auf das Nest laufen. Das Nest verrammeln, wenn alle gelegt haben.
2. Ein Stallwechsel hilft oft sehr gut. Bei meiner gelben Deutschen Zwerg-Wyandotte Poppy hat sich das bewährt. Im neuen Stall sollte kein Nest vorhanden sein. Wenn ich dort noch den Hahn dazusetze, hört das Glucken meist noch schneller auf.
3. Die Glucke muss für wenige Tage in Einzelhaft: in einen Quarantänekäfig oder Kleintierstall. Sie sollte keine Möglichkeit haben, sich mit Einstreu ein Nest zu bauen. Wenn der Boden etwas kälter ist, ist das hilfreich. Dazu könnte man einen Kleintierstall umgedreht mit dem Gitter nach unten auf Ziegelsteine legen. Die Glucke bekommt Wasser und darf auch Futter bekommen, obwohl manche alte Züchter empfehlen, dass es ohne Futter schneller funktioniert. Nach circa zwei bis vier Tagen sollte die Glucke sich wieder normal verhalten und darf zurück zu den anderen.

Videotipp zum Entglucken: „Glucke entglucken“:

https://youtu.be/eN5YpY3YKRI

Im März und April bekommen Füchse, Marder und Waschbären Nachwuchs. Der Hunger ist in diesen Monaten besonders groß und regelmäßige nächtliche Streifzüge auch durchs Wohngebiet sind eine tödliche Gefahr für alle Hühner, die nicht sicher im fest verschlossenen Stall eingesperrt sind. Leider gibt es auch immer wieder Füchse, die so dreist bzw. verzweifelt sind, dass sie auch tagsüber auf Beutezug gehen.

Ein Stromzaun ist ein sehr guter Schutz gegen Füchse. Meine Solar-Akku-Variante hat mit allen Zubehörteilen vor drei Jahren insgesamt 180 Euro gekostet und funktioniert nach wie vor wartungsfrei hervorragend.

Im Sommer: Zur Bekämpfung der roten Vogelmilbe möglichst mit Kieselgur feucht sprühen, Kalkanstrich auftragen und Gesundheitsvorsorge bei den Hühnern betreiben. In Hitzewochen: Falls nicht ausreichend Schatten im Auslauf vorhanden ist, schattige Plätze schaffen. Das geht mit einem Sonnensegel oder indem man einen oder mehrere Bäume pflanzt. Wichtig ist, nun eine zusätzliche Tränke in den Auslauf zu platzieren, gerne mit Elektrolytlösung.

Diese Brahma-Junghähne in Schwarz-Weiß-Columbia haben Hitzestress: Sie atmen mit offenem Schnabel und spreizen die Flügel etwas vom Körper ab. Quelle: © Maya's Flying Birds/ Shutterstock.com.

Nicht wenige Anfänger erschrecken, wenn sie zum ersten Mal die Mauser miterleben. Plötzlich liegen viele Federn herum, der Schwanz fehlt und das Huhn sieht mit nur noch kleinem und blassem Kamm kränklich aus. Quelle: © Carrie Epley/Shutterstock.com.

Im Herbst: Hühner, die älter als ein Jahr sind, mäusern ab dem Spätsommer, manche im Herbst. Die alten Federn fallen aus und neue schieben sich aus der Haut heraus. Auch der Legeapparat wird erneuert und die Kalziumspeicher in den medullären Knochen werden wieder aufgefüllt. Das ist für das Huhn sehr kräftezehrend; das Immunsystem ist geschwächt. Manchmal steht ein Huhn etwas krumm und teilnahmslos abseits der Gruppe.

Bitte jetzt unnötigen Stress für die Tiere vermeiden, also die Gruppe (Sozialordnung) intakt lassen und keine neunen Hühner integrieren, jetzt nicht ausmisten oder umstallen. Mit etwas Bierhefe im Futter und Hühnervitaminen im Trinkwasser können wir die mausernden Tiere unterstützen. Die Kiele der neuen wachsenden Federn sind mit Blut gefüllt und die Haut ist empfindlicher. Die Tiere sollten in der Mauser nicht zum Spaß angefasst und hochgenommen werden.

Ektoparasiten wären in dieser Phase besonders ungünstig, diese daher bereits im Sommer effektiv bekämpfen (siehe Kapitel Gesundheitsvorsorge). Wenigstens einmal im Jahr sollte man seine Hühner ordentlich entwurmen. Der Herbst und/oder das Frühjahr bieten sich hierfür an.

Von Mitte Oktober bis in den Dezember hinein finden Rassegeflügelausstellungen statt. Hühnerrassen auf Fotos oder in Videos anzusehen ist zwar schön, ein größeres Erlebnis ist es aber, die Hühner live auf einer Ausstellung zu beobachten. An der Kasse gibt es den Ausstellungskatalog, in dem auch eine Liste mit Kontaktdaten der Züchter von den ausgestellten Rassen abgedruckt ist. Oft kann man auch schon während der Ausstellung die Züchter treffen und Fragen zu den Tieren stellen. Jeder Züchter fühlt sich wertgeschätzt und freut sich sehr, wenn er etwas zu seinen Tieren erzählen darf (gerade diejenigen, die zuerst etwas grimmig und eigenbrötlerisch dreinschauen ...).

Im Winter: Damit die Hühner trinken können, muss die Tränke wenigstens an einer Stelle immer eisfrei sein. Bei Frost im Stall mit Tränkenwärmern arbeiten oder an den wenigen sehr kalten Tage drei Mal am Tag lauwarmes Wasser in die Tränke füllen.

Im Winter legen die Hühner deutlich weniger Eier, der Proteinbedarf ist niedriger. Für die Wärmeproduktion dürfen etwas mehr Kohlenhydrate (z. B. Weizenkörner) gefüttert werden.

Um die Wintersonnenwende ist es nur wenige Stunden hell. Liegt der Stall schattig und hat kein großes Fenster, ist die Wachzeit der Hühner recht knapp, um ausreichend Nahrung aufnehmen zu können. Zusätzliches Licht kann die Hühner unterstützen. Ich habe daher im Winter zwei LED-Birnen mit je 11 Watt im Hühnerstall von 8 bis 18 Uhr an. Da ich auch züchte und von meinem Hühnerstamm möglichst schon im Februar sicher ausreichend Bruteier einsammeln möchte, kann ich dieses Lichtprogramm im Januar Woche für Woche auf circa 14 Stunden Licht ausdehnen. Meine Zuchthennen beginnen so dann etwas früher im Jahr wieder mit dem Eierlegen. Das mag jeder für sich und seine Hühner selbst überdenken und ausprobieren, womit man sich wohlfühlt. Um herauszufinden, ob bei den Hühnern ein Bedarf nach zusätzlichem Licht besteht, kann man ausgewählte Hühner monatlich wiegen. Wenn sie im Winter abmagern, brauchen sie mehr Licht um in der dadurch verlängerten Wachphase mehr Nahrung aufnehmen zu können.

Der Stall ist durch die Eigenwärme der Hühner normalerweise etwas wärmer als die Außentemperatur. Im Stall sollte keine feuchte Luft gefrieren. Eine gute Lüftung ist also auch im Winter dringendst angesagt. Hühner mit sehr großen Kämmen können durch frierendes Wasser auf den Kämmen Kammerfrierungen erleiden. Man kann diesen Tieren abends die Kämme mit etwas Vaseline eincremen wenn sehr kalte Temperaturen angekündigt wurden.

Von einer Heizung und Isolation des Stalles rate ich ab: Eine Kohlmeise wiegt nur 16 g und überlebt auch unsere tiefsten Winter. Die Hühner sind seit Jahrtausenden an unser Klima angepasst und Hühneranfänger beginnen erst seit etwa 20 Jahren über Heizung und Isolation für die Hühnerställe nachzudenken. Durch eine künstliche Heizung leidet der natürliche Gewöhnungseffekt an die Temperatur,

Drei Welsumer Hennen im Schnee. Schiebt man ihnen einen Weg frei, nutzen sie den gerne. Tiefer Schnee ist ihnen nicht geheuer. Quelle: © Lonny Garris/Shutterstock.com.

der die Hühner ausgesetzt sind, sobald sie den Stall verlassen. Das kann Krankheiten begünstigen. Durch eine Isolation der Wände schwitzt der Stall im Sommer. Die Luftfeuchtigkeit, unter anderem durch den Kot und die Atemluft der Hühner, schlägt sich überall an den Wänden nieder. In der Isolation werden sich sehr gerne Mäuse, Ratten und Milben einnisten. Dort bleiben sie relativ lange unentdeckt und man kann sie dort nur sehr schlecht bekämpfen.

Zeitbedarf: jeweils circa 8 Stunden

Im Jahr kommen geschätzt also mindestens 150 Stunden Arbeit für die Hühner zusammen. Kann dies als Bereicherung wahrgenommen werden oder stellt es eine nicht zu stemmende Belastung dar?

Diese Fragen sollte man sich vor dem Start stellen

Wenn ihr all die Fragen auf den folgenden Seiten überdacht habt und viele davon schon konkret pro Hühner beantworten könnt, seid ihr zu 110 % bereit für den Hühnerstart.

Baue ich den Hühnerstall selbst oder kaufe ich einen ausreichend großen?

Ist der Hühnerstall so groß, dass er unter das Baurecht fällt?

Als Hühneranfänger wird man wohl kaum gleich einen großen begehbaren gemauerten Stall bauen. Ein Stall, den man zu zweit herumtragen kann, benötigt keine Baugenehmigung, da es sich nicht um ein Bauwerk (Immobilie) handelt. Mehr zum Hühnerstall im Kapitel rund um den Stall.

Gibt es bei mir vor Ort deutlich schärfere Regelungen für die Kleintier- und Hühnerhaltung? Ggf. kurz beim Ordnungsamt nachfragen?

Hühner zählen als Kleintiere, genauso wie Meerschweinchen, Hamster und Zwerg-Kaninchen. Da das Krähen eines Hahns mitunter laut sein kann, könnte es jedoch Ärger mit den Nachbarn geben. Ein frühzeitiges Gespräch über die Hühnerpläne kann Türen öffnen. Bekannte

Ein Hühnerstall für zehn bis fünfzehn Hühner. Die Eier kann man rechts aus den Legenestern entnehmen. Interessant, dass hier zwei Hähne mitlaufen, einer mit dem Kopf in der Tür und einer links. Quelle: © Alejandro Guzmani/Shutterstock.com.

von mir haben ihre Nachbarn einfach mit ins Boot geholt, indem sie angeboten haben, dass diese sich an der Auswahl der Hühnerrassen beteiligen können. Natürlich verlockt auch das Angebot, frische Eier direkt von Nachbarn bekommen zu können.

Ich wohne in der Stadt Göttingen in einem Wohngebiet und habe meine Nachbarn kurz vor Start mit einer kleinen Briefwurfsendung über meine neue Hühnerhaltung informiert, inklusive eines kleinen Rasseporträts der seltenen Crèvecoeur-Hühner. Ich hatte auch gleich einen Hahn und bin im zweiten Jahr in die Zucht eingestiegen. Nachts sind meine Hühner in einem kleinen Fachwerkhäuschen untergebracht, das in den 1950er Jahren als Nebengebäude errichtet wurde.

Da ich Bedenken wegen des Krähens hatte, habe ich mich mit dem Immissionsschutzgesetz, insbesondere der „Technischen Anleitung Lärm", beschäftigt. Diese wird üblicherweise von Gutachtern genutzt, wenn es im Ernstfall vor Gericht geht. Dort sind für Gewerbe- und Wohngebiete spezifische Dezibel-Grenzwerte für die Nacht und den Tag angegeben, die nicht mehr als punktuell (z. B. einmaliges

Zuschlagen einer Tür ist okay) überschritten werden sollten. Schall nimmt mit der Distanz stark ab und so müsste vor dem Schlafzimmerfenster des gestörten Nachbarn gemessen werden.

Ich habe vor meinem Stall gemessen, wie laut das Krähen des Hahns im Stall ist: Das Auto, das vorne auf der Straße vorbeifuhr, war lauter als das kaum zu vernehmende Krähen. Also nachts kein Problem mit meinem Hahn. Ich selbst bin aber auch nicht gerade begeistert von oft und schrill krähenden Hähnen und versuche für mich noch die eine Lieblingsrasse zu finden, bei der auch die Hähne selten und schön angenehm tief krähen. Die Bielefelder Kennhühner sind dafür derzeit bei mir im Test und äußerst vielversprechend.

Circa fünf Jahre nachdem ich hier im Wohngebiet circa zwanzig Hennen mit einem Hahn hielt, passierte Folgendes: Immer wenn der Hahn in der Mittagszeit krähte, explodierte kurz danach ein Silvesterböller und eines der Fenster aus dem benachbarten Mehrfamilienwohnkomplexes wurde zugeschlagen. Zuerst dachte ich nur an einen Kinderstreich. Irgendwann blutete aber eine meiner Hennen am Kopf und ich fand explodierte Knaller in meinem Auslauf. Da wurde klar: Jemand versuchte Selbstjustiz gegen das Hähnekrähen am Mittag. Ich rief die Polizei und das Ordnungsamt. Beide stellten sich voll hinter mich. Hätte ich das Fenster benennen können, hätten die Polizisten sofort eine Gefährderansprache gemacht. Leider war ich mir nicht ganz sicher, aus welchem Fenster die Knaller geworfen wurden. An den Tagen, als ich mit dem Fotoapparat auf der Lauer lag, krähte natürlich mein Hahn nicht. Das Ordnungsamt bestätigte mir auch, dass ich hier im Wohngebiet einen Hahn zur Zucht halten und dieser tagsüber auch jederzeit krähen darf. Mit diesen Informationen habe ich die Wohnungsgenossenschaft des Mehrfamilienblocks konfrontiert. Diese hat daraufhin alle im Haus angeschrieben und mit hohen Geldstrafen aus dem Tierschutzgesetz gedroht. Damit war diese Episode dann ein für alle Mal beendet.

Es gibt zahlreiche Fälle, in denen ein Nachbarschaftsstreit zugunsten des Hahns und der Hühner ausgegangen ist. Ebenso gibt es aber auch einige Fälle, in denen verordnet wurde, dass der Hahn zu bestimmten Zeiten nicht hörbar krähen darf. Ich weiß, mit bestimmten

Nachbarn ist es äußerst schwer, aber es wäre optimal, wenn man einen für alle Seiten tragbaren Kompromiss vereinbaren kann. Vielleicht hofft der Nachbar ja auch auf etwas Entgegenkommen von euch bei einer anderen Sache?

Welchen Bereich zäune ich wie ein? Mehr Platz ist immer besser. In der Biohaltung sind es mindestens 4 m² pro Huhn. Mehr als 10 m² pro Huhn wären spitze.

Wie hoch soll der Zaun sein? Das ist stark von der ausgewählten Hühnerrasse abhängig. Es gibt Rassen, bei denen reicht ein 1 m hoher Zaun aus. Andere Rassen können sogar 2 m überfliegen und ein Übernetzen wäre angebracht.

Eine Alternative zum Übernetzen: Voll ausgereifte Federn sind totes Gewebe, genau wie unsere Haare und Fingernägel. Hat man nur eine Henne, die den 1,5 oder 2 m hohen Zaun regelmäßig überfliegt,

Der Zaun soll die Hühner im Auslauf und unerwünschte Gäste außerhalb halten. Unser Labradorwelpe Watson und die Hühner haben sich sofort aneinander gewöhnt und keine Probleme miteinander.

kann man ihr die Federn der Arm- und Handschwinge um zwei Drittel mit einer starken Schere an nur einem Flügel kürzen. Bitte die äußersten drei Federn der Handschwinge stehen lassen, damit das Tier den Flügel noch gut anlegen kann. So kann die Henne nur mit einem Flügel Auftrieb erzeugen und kippt zur Seite weg, wenn sie wieder über den Zaun fliegen möchte.

Wo kaufe ich den Futterspender, die Stülptränke, Futter, Einstreu, Kieselgur, Hühnervitamine, Fake-Eier, Eierschachteln etc.?

Das alles gibt es im Landhandel und/oder im Onlineversand.

Woher bekomme ich meine ersten Hühner?

Das ist leider gar nicht so einfach. Die mit Abstand beste und nachhaltigste Option ist es, die gewünschten Rassehühner direkt bei einem der **privaten Hühnerzüchter** zu kaufen. Es gibt zwar einige Zehntausende Rassegeflügelzüchter in Deutschland, die im Bund Deutscher Rassegeflügelzüchter organisiert sind, allerdings gibt es auch sehr viele verschiedene Rasse in jeweils unterschiedlichen Farbvarianten. Dazu kommt, dass die Züchter nicht ständig im Übermaß Tiere ausbrüten, um dann eine eventuelle Nachfrage nach Hennen bedienen zu können. Es schlüpft im Schnitt für jede Henne auch ein Hahn, um den sich die privaten Züchter ja auch kümmern und ihn zumindest so weit mit großziehen, bis er (höchstwahrscheinlich) einer Küche zugeführt wird. Züchter können meist nur zu bestimmten Zeiten im Jahr Hühner abgeben: Im Frühjahr, wenn die Brut für die eigene Nachzucht bereits gelungen ist, geben einige ihren Zuchtstamm oder einzelne Tiere aus dem Zuchtstamm ab. Auch kann ein Züchter im Frühjahr ein paar mehr Eier einlegen und dann Küken oder später Jungtiere abgeben. Wenn man sich mit einem Züchter abspricht, legt dieser bestimmt gerne ein paar mehr Eier ein.

Bei manchen Farbvarianten (kennsperber, gestreift, gesperbert) kann man bereits am Kükenflaum sicher erkennen, ob das Küken ein Hahn oder eine Henne ist. Bei den allermeisten Farben und Rassen erkennt man das Geschlecht aber erst nach einigen Wochen oder erst nach Monaten. Wenn man also sicher nur Hennen kaufen möchte, ist es schon schwieriger. Entweder kauft man ausgewachsene Hennen oder man lässt sich im Zweifelsfall vom Züchter versichern, dass er die Tiere zurücknimmt, die dann doch Hähne sind. Viele Züchter möchten das aber nicht und verkaufen daher ihre Küken oder Jungtiere geschlechts-unsortiert. Hat man männliche Jungtiere erwischt, ist das gar nicht schlimm, wenn man eine Strategie hat, was man mit ihnen anstellen will. Außerdem kann das Großziehen der Küken und Jungtiere viel Spaß machen. Normalerweise verschenkt man die Hähne zum Schlachten, lässt sie schlachten oder schlachtet direkt selbst.

Manche Rassegeflügelzuchtvereine veranstalten um Ostern herum Zuchtstamm- und Kükenverkaufsausstellungen. Dort kann man auch die Züchter direkt kennenlernen und Kontakte knüpfen. Spätestens im Spätsommer können die Züchter schon recht gut an ihren Tieren sehen, welche sehr gut für die Herbstausstellung und die Weiterzucht geeignet sind und welche Junghühner kleinere Schönheitsfehler zeigen. Das kann manchmal nur eine zusätzliche winzige Zacke im Kamm sein, was einen Hobbyhühnerhalter, der verschiedene Rassehennen sucht, nicht weiter stören dürfte. Die Züchter im Spätsommer zu kontaktieren und nach Junghennen zu fragen hat also viel Sinn. Auch in der Ausstellungssaison von Oktober bis Dezember könnte es noch die ein oder andere Henne zum Verkauf geben, bei der der Preisrichter doch einen groben Schönheitsfehler entdeckt hat. Um richtige Rassetiere zu bekommen, bedarf es also etwas Aufwand und Geduld. Die Züchter erreicht man entweder über die Ausstellungen oder die Rassegeflügelzuchtvereine.

Jede Hühnerrasse hat in Deutschland auch einen sogenannten **Sonderverein**, in dem sich einige sehr engagierte Züchter derjenigen Rasse zusammengeschlossen haben. Zum Teil haben diese Sondervereine gut gestaltete Webseiten, auf denen sogar Züchterlisten nach Postleitzahl sortiert vorhanden sind. Tritt man selbst einem Rassegeflügelzuchtverein bei, öffnen sich natürlich noch mehr Türen zu Züchtern, die sonst nicht so gerne Tiere an „Fremde" abgeben und mit dem Internet (Tierverkaufsportale) nicht vertraut sind.

Auf **Tierverkaufsportalen im Internet** werden immer wieder Hühner angeboten. Hier gibt es Angebote von Züchtern, aber auch

Reges Treiben auf der Kükenbörse vom RGZV Algermissen. Zahlreiche Rassetiere und Bruteier wechseln hier ihre Besitzer. Nach nur wenigen Stunden ist das Event schon wieder vorbei.

von „Vermehrern". Man kann richtig tolle Tiere bekommen, aber auch solche aus tierunwürdigen Qualhaltungen. Ein erster Indikator sind ein ausführlicher Beschreibungstext und Fotos von den Tieren im Auslauf. Im Kapitel zur Gesundheitsvorsorge wird eine Handkontrolle beschrieben. Diese bitte vor dem Kauf mit den Tieren durchführen. Rassehühner dürfen zwischen zwanzig und achtzig Euro kosten. Hähne sind günstiger als Hennen, Zwerg-Hühner sind günstiger und zuchttaugliche Rassehühner am teuersten.

Eine weitere Kaufoption für Hühner sind fahrende **gewerbliche Geflügelhändler**. Diese decken meist ein Gebiet von mehreren Hundert Kilometern ab und haben Routen, auf denen sie alle paar Wochen bestimmte Parkplätze anfahren und dort „vom Wagen" Hühner verkaufen. Dahinter steht eine Geflügelindustrie, die Küken oder nur Junghennen an diese Geflügelhändler liefert. Für jede dieser Hennen gab es jedoch auch einen Bruderhahn, dessen Verbleib meist unklar ist. Da hier Geld verdient wird, wurde von den hühnerproduzierenden Unternehmen schon vor einigen Jahren auf die wachsende Nachfrage durch private Hobbyhühnerhalter reagiert. Es gibt ein Angebot an bunten Hühnern, die oft Produktnamen (z. B. Königsberger, Druffler, Tricolore, Bovans) tragen, die eine alte Rasseherkunft suggerieren, in Wirklichkeit aber Hybridhühner sind. Auch werden Hühner mit tatsächlichen oder leicht abgeänderten Rassenamen angeboten, die so ähnlich wie die Rassehühner aussehen, aber keine sind (z. B. Maran(s)+, Sussex, Rhodeländer, Italiener, Sperber). Ehrlicherweise werden auch noch legestarke Hybride unter ihrem Namen angeboten (z. B. Lohmann braun, Lohmann weiß, schwarze Legehenne). Diese Hühner sind meist komplett gegen alles geimpft, was möglich ist, und werden zumindest im ersten Jahr sehr viele Eier legen. Wenn eine Henne weit über 220 Eier im Jahr legt, wird es für einen Anfänger schwierig, den Hühnern ausreichend Kalzium für die Eierschalenproduktion bereitzustellen. Knochenbrüche und ausgelaugte krankheitsanfällige Hühner im zweiten oder spätestens dritten Jahr sind zu befürchten. Falls die privaten Hühnerzüchter vor Ort die Nachfrage aber nicht bedienen können, ist der Start mit weniger stark legenden rasseähnlichen Hybridhühnern vom Wagen vielleicht doch auch eine akzeptable Option, um mit Hühnern zu starten.

Eine weitere, meiner Meinung nach sehr schlechte Option, als Hühneranfänger Hennen zu bekommen, sind die **„Rettungsaktionen“** vom Verein „Rettet das Huhn“. Hier werden ausgediente Legehybridhennen aus der Geflügelindustrie übernommen und verschenkt, die ansonsten ausgedient hätten und geschlachtet bzw. kostenverursachend entsorgt würden. Vordergründig ist das eine heldenhafte Aktion. Aber diese Hennen sind oft in einem miserablen körperlichen und geistigen Zustand. Legedarmentzündungen, Federpicken, Kannibalismus und gebrochene Brustbeine sind häufige Probleme. Das System der industriellen Massentierhaltung wird hierdurch unterstützt und ein klein wenig „grün gewaschen“. Man darf zu Recht fragen, ob für die Mehrzahl der „geretteten“ Hennen das Leiden nur noch etwas verlängert wird. Übernimmt man solche Hühner, muss man einen „Schutzvertrag“ unterschreiben, in dem man sich verpflichtet, die Tiere nicht zu schlachten und auch bei schlimmsten Krankheiten und Verletzungen (bei denen man die Tiere eigentlich sofort selbst erlösen sollte) zum hühnerkundigen Tierarzt zu fahren und sämtliche Kosten zu tragen, die durchaus mehrere Hundert Euro betragen können. Das geht zum Teil sogar so weit, dass den Hennen aufwendig und

Eine völlig auszehrte „gerettete“ weiße Legehybridhenne, die Opfer von Federpicken war. Würde man sie nur für max. acht Stunden rauslassen und den Rest des Tages im ganz dunklen Keller einsperren, könnte man so wahrscheinlich das qualgezüchtete übermäßige Eierlegen unterbrechen und eine Regeneration ermöglichen. Es ist aber höchst fraglich, ob diese Hochleistungshenne in nur acht Stunden ausreichend fressen kann. Quelle: © Nastyaofly/Shutterstock.com

tiermedizinisch fragwürdige Hormon-Chips einoperiert werden, damit sie keine Eier mehr legen. Man darf von diesen Tieren keine Nachkommen ziehen oder die Tiere ohne Erlaubnis von „Rettet das Huhn“ an Dritte abgeben. Die Hennen sollen als Haustiere, nicht als Nutztiere gehalten werden. Die Eier zu verzehren ist okay, aber eine vegane Lebensweise der Halter wird gewünscht. „Rettet das Huhn“ behält sich auch vor, jederzeit Kontrollen bei den Adoptanten durchzuführen und Einsichtnahme in die tierärztliche Behandlung zu erhalten.

Bin ich bereit, das notwendige Geld für die Hühnerhaltung zu bezahlen?

Die Anschaffungskosten belaufen sich je nach Stallselbstbau oder Kauf auf wenige oder einige Hundert Euro.

Tränke und Futterbehälter liegen bei jeweils etwa dreißig Euro.

Ein Zaun, abhängig davon, ob bereits vorhanden, Marke Eigenbau oder gekauft, kostet null bis 150 Euro. Ein Elektrozaun zur Fuchsabwehr liegt bei circa 180 Euro. Eine automatische Hühnerklappe beläuft sich auf zwischen vierzig Euro (z. B. umgebauter Rollladenmotor) und 150 Euro.

Ein Huhn kostet in der Anschaffung zwischen fünfzehn und achtzig Euro.

Ein Sack Futter liegt bei knapp zwanzig Euro.

Einstreu, Kieselgur, Grit und Muschelschalen, Vitamine, Utensilien, Tierarztkosten, Vereinsbeitrag oder Impfkosten kommen hinzu (geschätzt in der Summe zwischen zehn und zwanzig Euro im Monat ohne eventuelle Tierarztkosten).

Ist die Hardware erst mal vorhanden, sind die laufenden Kosten (hauptsächlich der Sack Futter und die Einstreu pro Monat) tatsächlich im Vergleich mit anderen Hobbys durchaus überschaubar, aber vorhanden. Für die Pflege der Hühner bekommen wir aber auch etwas zurück, das uns definitiv Geld einsparen lässt: eigene Eier.

Gibt es in der Nähe einen Hühnerverein mit netten Menschen, die dasselbe Hobby haben?

Viele Rassegeflügelzuchtvereine, in denen es keinen Spaß gemacht hätte, Mitglied zu sein, haben sich bereits aufgelöst. Die Vereine, die sich mit einer Webseite und einer Ausstellung in der Öffentlichkeit präsentieren, sind froh über jeden neuen Hühnerhalter und potenziellen zukünftigen Züchter, der sich aktiv am Vereinsleben beteiligen möchte. Oft gibt es Monatsversammlungen mit Themen rund um die Hühnerhaltung oder Geflügelzucht. Fragen können immer gestellt werden. Ab und an finden auch Tierbesprechung, Hofbegehungen, Sommerfeste, Ausstellungen oder Fahrten zu Großausstellungen statt. Die Jahresmitgliedsbeiträge der Rassegeflügelzuchtvereine belaufen sich in der Regel auf zwanzig oder dreißig Euro. Oft ist damit auch schon der Impfanteil für die Pflichtimpfung gegen die Newcastle-Krankheit abgegolten, die die Vereine oft für ihre Mitglieder organisieren. Die Impfdosen sind leider nur für minimal 1.000 Tiere erhältlich. Deshalb ist es sinnvoll, dass sich private Halter zusammentun und die Impfdosis gut ausnutzen. Tierärzte geben ungern eine 1.000er Impfdosis an Hobbyhalter ab, die nur drei Hennen haben.

Gibt es einen geflügelkundigen Tierarzt in der Region?

Einen Hund und ein Meerschweinchen kann jeder Tierarzt behandeln. Mit Hühnern sind einige Tierärzte überfordert. Optimal wäre es, wenn man vor der Anschaffung der Hühner in Erfahrung bringen kann, welcher Tierarzt in der Region fähig ist, Hühner zu behandeln. Kauft man beim Züchter, sollte man ihn fragen, zu welchem Tierarzt er geht. Ist man einem Rassegeflügelzuchtverein beigetreten, gibt es über die alten Mitglieder hilfreiche Erfahrungsberichte zu den hühnerkundigen Tierärzten.

Wo kann ich das Futter und die Einstreu mäusesicher lagern?

Zum Beispiel im Haus oder in verschließbaren Tonnen oder Truhen in Stallnähe.

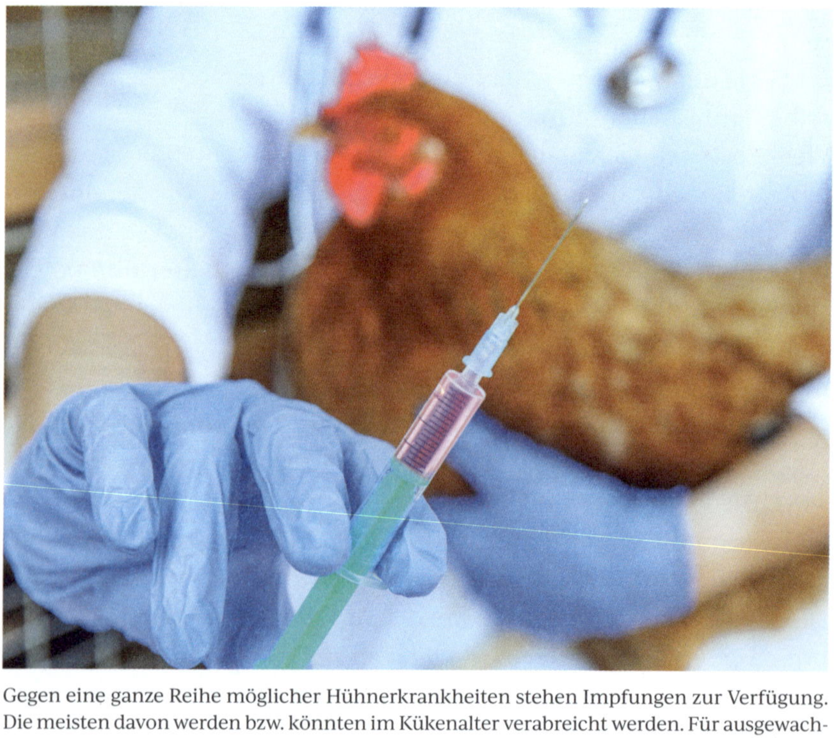

Gegen eine ganze Reihe möglicher Hühnerkrankheiten stehen Impfungen zur Verfügung. Die meisten davon werden bzw. könnten im Kükenalter verabreicht werden. Für ausgewachsene Hühner ist in Deutschland nur eine Impfung vorgeschrieben: Newcastle. © Julia Zavalishina/Shutterstock.com.

Woher bekomme ich den Impfstoff für die Newcastle-Pflichtimpfung?

Sicher am einfachsten über die Mitgliedschaft in einem lokalen Rassegeflügelzuchtverein. Hühnerkundige Tierärzte können auch Einzeltiere mit der Spritze gegen die Newcastle-Krankheit impfen. Sie hält dann für ein ganzes Jahr vor und nicht wie die Trinkwasserschluckimpfung nur drei Monate.

Wer kann sich außer mir bei Bedarf (Dienstreise, Urlaub, Krankheit) mal um die Hühner kümmern?

Mit der Anschaffung von Tieren verpflichtet man sich, die Verantwortung für die Pflege dieser Lebewesen gewissenhaft zu übernehmen. Wenn man mehrmals im Jahr verreist, sind Hühner wahrscheinlich keine gute Idee. Ab und an können aber sicher z. B. Familienmitglieder, Nachbarn, Freunde oder Geflügelfreunde aus dem Verein zeitweise die Pflege der Hühner übernehmen.

Kann ich im Notfall ein schwer leidendes Huhn erlösen oder kenne ich jemanden, den ich auch Samstagabend darum bitten kann?

Leider gibt es schlimme Krankheiten und Verletzungen ohne reale Chance auf Genesung. Die Tiere sollten sich nicht unnötig länger quälen müssen, bis sie von selbst sterben. Wir Halter sind dann in der Pflicht, das Leiden zügig zu beenden. Dies geschieht genau wie beim Schlachten zuerst mit einem betäubenden stumpfen Schlag in den Nacken und einem anschließenden Abtrennen des Kopfes vom Hals mit einem scharfen Beil. Hat man dies noch nie getan, erfordert es eine gehörige Portion Überwindungskraft. Ist man dazu nicht in der Lage, sollte man jemanden haben, den man darum bitten kann.

Wo deponiere ich den Mist der Hühner?

Der Kot und die alte Einstreu der Hühner kann auf die Dauer einiges an Volumen einnehmen. Ein Komposthaufen ist schnell gefüllt. Ich sehe es allerdings weniger als Entsorgung von Abfall, sondern als nährstoffreiche Anreicherung der anderen Kompostkomponenten Blätter, Äste und Strauchschnitt. Es bietet sich auch an, im Hühnerauslauf einen großen, breiten Kompost anzulegen.

Aus alten Brettern und Latten habe ich im Auslauf eine breite Kompostmiete angelegt. Für die Hühner ist es einer ihrer Lieblingsorte. Wir sehen die Rassehennen: Bielefelder Kennhuhn, Lavender, Ayam Cemani (ganz schwarz) und eine Marans verdeckt ganz rechts.

Welche Handlungsalternative habe ich für die Hühner, wenn es im Falle eines Ausbruchs der Geflügelpest in meiner Region zu einer Aufstallpflicht kommt?

Die Geflügelpest wird im Kapitel zur Gesundheitsvorsorge detailliert besprochen. Da die Geflügelpest-Viren potenziell auch zu einer für Menschen gefährlich werdenden Seuche mutieren könnten, gibt es strenge gesetzliche Regelungen im Umgang mit der Geflügelpest. Die Veterinärämter vor Ort haben die Macht, im Falle eines Ausbruchs der Geflügelpest in der Region eine Stallpflicht für alle Hühner zu verordnen. Als „im Stall“ gilt im Sinne der Verordnung auch, wenn man einen Außenbereich nach oben hin überdacht und zu den Seiten hin mit einem Netz gegen Wildvögel gesichert hat. Vielleicht hat man vor dem Stall schon einen Kaltscharrraum, eine Voliere oder eine Pergola.

Im Fall der Fälle kann man aber auch die Hühner erst mal im Stall einsperren und am Wochenende etwas organisieren oder bauen (z. B. ein Lager- oder Partyzelt oder einen Folientunnel. Besonders die Küstenregionen und Gegenden mit viel industrieller Massengeflügelhaltung sind immer wieder von der Stallpflicht betroffen. In anderen Regionen gibt es fast nie eine Aufstallpflicht. Derzeit wird auch an einem Impfstoff für Hühner gegen die Geflügelpest gearbeitet. Da aber auch das EU-Recht dafür geändert werden müsste, ist mit der Einführung dieser Impfung auch für private Hühnerhalter vorerst nicht zu rechnen. Derzeit ist es gesetzlich verboten, Hühner gegen die Geflügelpest zu impfen.

Bin ich bereit, meine Hühner beim Veterinäramt anzumelden und einen kleinen Beitrag in die Tierseuchenkasse zu zahlen?

Jeder private Hühnerhalter in Deutschland ist schon ab dem ersten Huhn verpflichtet, sich beim Veterinäramt vor Ort anzumelden und bei der Tierseuchenkassen seine Tierhaltung zu registrieren. Das beides ist meist mit einer einzigen formlosen E-Mail an das Veterinäramt erledigt, das die Meldung an die ländereigene Tierseuchenkasse weiterleitet. In Niedersachsen bezahle ich den Mindestbeitrag von 12,50 Euro und bin damit im Falle eines Ausbruchs der Geflügelpest bei mir abgesichert, dass die Tierseuchenkasse für mich die Kosten der Keulung, Tierkörperbeseitigung, Desinfektion des Stalles und Auslaufes sowie die Kosten für Ersatztiere übernimmt.

Bei einer Umfrage in meiner Community kam bei 820 anonymen Stimmabgaben heraus, dass 82 % ihre Hühner angemeldet haben und 18 % nicht.

3. KAPITEL

Evolution und die Entwicklung der Haushühner

Ein Pärchen Bankivahühner, die meist als alleinige Urhahnen unserer Haushüher *Gallus domesticus* genannt werden. Sie gehören in der biologischen Systematik zur Gattung der Kammhühner (Gallus) und zur Familie der Fasanenartigen (Phasianidae) in der Ordnung Hühnervögel (Galliformes) der Unterklasse Neukiefervögel (Neognathae) in der Klasse der Vögel (Aves). Quelle: © Sunil_Sharma_ab/Shutterstock.com.

In der Gattung der Kammhühner gibt es vier Arten, die als Urahnen unserer Haushühner infrage kommen: das Bankivahuhn („Red Junglefowl“ mit fünf Unterarten), das Sonnerat-Huhn („Grey Jungle Fowl“) , das Lafayett-Huhn („Ceylon Jungelfowl“) und das Gabelschwanz-Huhn („Green Junglefowl“).

Ein Sonnerat-Hahn. Ansprechend gezeichnet und mit gelben Läufen. Quelle: © Nimit Virdi/Shutterstock.com

Ein Lafayett- bzw. Ceylon-Hahn. Ein prächtiges Exemplar mit dem typischen gelben Fleck im roten Kamm. Quelle: © Petr Simon/Shutterstock.com

Ein Gabelschwanz-Hahn. Rechts ist der Kopf einer Henne zu sehen. Quelle: © Fullsuniverse/Shutterstock.com

- **Klasse:** Vögel (Aves)
- **Unterklasse:** Neukiefervögel (Neognathae)
- **Ordnung:** Hühnervögel (Galliformes)
- **Familie:** Fasanenartige (Phasianidae)
- **Gattung:** Kammhühner (*Gallus*)
- **Art:** Bankivahuhn (*Gallus gallus*)
- **Unterart:** Haushuhn (*Gallus gallus domesticus*)

Welcher der vier Kandidaten stellte denn nun die einzig wahren Ureltern unserer Haushühner? Sehr viele Argumente sprachen für das Bankivahuhn (so dachte auch schon Charles Darwin). Schaut man sich den Bankivahahn an, so könnte man ihn leicht mit einem rebhuhnfarbigen Zwerghahn verwechseln. Allerdings kann auf eine falsch gestellte Frage leider keine richtige Antwort gegeben werden: Meiner Einschätzung nach wurden der Mensch und die soziale Komponente hierbei missachtet und zu sehr von einer natürlichen evolutionären Haushuhnentwicklung ausgegangen.

Die geografische natürliche Verbreitung vom Bankivahuhn reicht von Nordwestindien über Burma, Thailand, Malaysia, den Südteil Chinas bis nach Indonesien. Das Sonnerat-Huhn bewohnt West- und Südindien und kommt an den Grenzen seines Lebensraumes zusammen mit dem Bankivahuhn vor. Das Lafayett-Huhn ist auf die Insel Sri Lanka begrenzt. Das Gabelschwanz-Huhn kommt auf Java und anderen indonesischen Inseln vor.

Beim Bankivahuhn fehlt allerdings das „Gelbe-Haut-Gen“. Dabei handelt es sich um eine Stoffwechselstörung in der Haut, die die Umwandlung von Karotinoiden in Vitamin A verhindert. Stattdessen wird der Farbstoff in den Läufen eingelagert. Beim Sonnerat-Huhn kommt das „Gelbe-Haut-Gen“ aber sehr wohl vor. Viele unserer beliebten Hühnerrassen haben gelbe Beine und somit eindeutig auch etwas Sonnerat-Huhn in sich. Auch ein verlängerter oder veränderter, zum Teil lachender Krähruf kommt nicht beim Bankivahuhn, wohl aber bei den anderen Kandidaten und auch bei bestimmten Rassehühnern vor.

Auch von den anderen Kammhühnern können schon vor Tausenden von Jahren Einkreuzungen stattgefunden haben, schließlich ist der Mensch durchaus experimentierfreudig. Meine Einschätzung wird unterstützt durch neue genetische Untersuchungen, veröffentlicht im Wissenschaftsjournal Nature, wonach die Domestikation des Huhnes nicht nur an einem einzigen Ort, sondern unabhängig voneinander in vielen Regionen in Südostasien stattgefunden hat.[4] Die Umwandlung von wilden Kammhühnern zu Haushühnern fand also sicher mit unterschiedlichen Tieren je nach Verfügbarkeit in der Region statt. Da die Hähne zu Beginn gerne für Hähnenwettkämpfe genutzt wurden, ist stark davon auszugehen, dass sie, oder Bruteier, ein wertvolles Handelsgut und Geschenk darstellten und auch über weite Strecken ausgetauscht wurden.

Der Zeitpunkt, wann dies geschah, wurde bislang aufgrund von archäologischen Funden auf circa 2.000 Jahre vor Christus gelegt. Mithilfe einer neuen Herangehensweise in Form einer molekularen Uhr konnte an zahlreichen Genanalysen der Zeitpunkt der Domestikation des Huhnes auf vor ca. 10.000 Jahre gelegt werden.[5]

Viele Tausend Jahre waren die Hühner eher keine Fleisch- und Eierlieferanten, sondern „Sporthühner" für Hahnenkämpfe, heilige, Luxus- und Opfertiere im Tempel und Wecker für den Tagesanbruch. Den alten polynesischen Seefahrern sollen sie geholfen haben, dass kein Boot außerhalb der Kräh-Hörweite auf offener See verloren gehen konnte. Eventuell haben die Polynesier so schon deutlich vor Columbus Hühner nach Südamerika gebracht (circa 1.200 n. Chr.).

Herodot berichtet 450 Jahre vor Christus von einem Ägyptenbesuch, bei dem er große Brutöfen für Hühnerküken besichtigte. Die Kunstbrut ist also schon über 2.500 Jahre alt.

Die alten Römer brachten Hühner in all ihre Provinzen. Caesar berichtet aber 58 v. Chr. auf seinem Eroberungszug, dass in England und Germanien bereits zuvor Hühner vorhanden waren und dass sich zumindest die englischen Barbaren selbst verboten hatten,

---

4 Hato et al. 2021 https://www.nature.com/articles/s41598-021-81589-7

5 Wang et. al. 2020. „863 genomes reveal the origin and domestication of chicken", in: Nature. https://www.nature.com/articles/s41422-020-0349-y?fromPaywallRec=false

In manchen Regionen sind Hahnenkämpfe immer noch ein „Spektakel". Das Foto ist von 2011, Cuba. Quelle: © Martchan/Shutterstock.com.

das Hühnerfleisch zu essen. Die Tiere wurden für Hahnenkämpfe genutzt.

Fast zweitausend Jahre später postulierte Charles Drawin 1859 in „On the Origin of Species" (‚Über die Entstehung der Arten'):

1. die Veränderlichkeit der Arten über die Zeit: Evolution
2. die gemeinsame Abstammung aller Lebewesen
3. das Evolutionskonzept Gradualismus, also die Änderungen in kleinsten Schritten
4. die Artbildung in Populationen (räumlich getrennte Gruppen)
5. die natürliche Selektion (*Survival of the Fittest*) als wichtigste Antriebskraft der Evolution

Vor 1859 gab es noch keine wissenschaftliche Theorie, die die Schöpfungsgeschichte aus der Bibel ernsthaft infrage stellen konnte. Insbesondere bibeltreue Gelehrte hatten also ein erhebliches Problem mit der ketzerischen Evolutionstheorie. Ein Wunder, dass Darwin 1882 ehrenvoll in der Londoner Westminster-Abtei beerdigt wurde – und nicht schon 1860 leblos in der Themse trieb. Vielleicht kam es so, weil er selbst als junger Mann mit abgeschlossenem Theologiestudium fast ein Geistlicher geworden wäre. Aber es muss Charles Darwin schon viel früher, circa 1836, als er zurück von seiner fünfjährigen Weltreise kam, klar gewesen sein, dass die Pflanzen, Tiere und der Mensch nicht wirklich innerhalb von sechs Tagen von Gott erschaffen wurden.

Gleich die allerersten Sätze in der Bibel aus dem Buch Genesis wurden von Charles Darwin und zahlreichen anderen Naturwissenschaftlern – zumindest im bisherigen wörtlichen Sinne – als Räubergeschichte entlarvt. Nicht Gott hat die Arten, inklusive den Menschen, geschaffen. Auch passte plötzlich die biblische Erdgeschichte von nur wenigen Tausend Jahren nicht mehr. Vielmehr wurde klar, dass wir Menschen auch nur eine – wenn auch außergewöhnliche – Form von Tieren sind.

Die Erschaffung der Welt

21 Und Gott erschuf die großen Wassertiere und alle Lebewesen, die sich
fortbewegen nach ihrer Art, von denen das Wasser wimmelt, und alle ge-
fiederten Vögel nach ihrer Art. Gott sah, dass es gut war. 22 Gott segnete
sie und sprach: Seid fruchtbar und mehrt euch! Füllt das Wasser im Meer
und die Vögel sollen sich auf Erden vermehren. 23 Es wurde Abend und
es wurde Morgen: fünfter Tag. 24 Dann sprach Gott: Die Erde bringe Le-
bewesen aller Art hervor, von Vieh, von Kriechtieren und von Wildtieren
der Erde nach ihrer Art. Und so geschah es. 25 Gott machte die Wildtiere
der Erde nach ihrer Art, das Vieh nach seiner Art und alle Kriechtiere auf
dem Erdboden nach ihrer Art. Gott sah, dass es gut war. 26 Dann sprach
Gott: Lasst uns Menschen machen als unser Bild, uns ähnlich! Sie sollen
walten über die Fische des Meeres, über die Vögel des Himmels, über das
Vieh, über die ganze Erde und über alle Kriechtiere, die auf der Erde krie-
chen. 27 Gott erschuf den Menschen als sein Bild, als Bild Gottes erschuf
er ihn. Männlich und weiblich erschuf er sie. 28 Gott segnete sie und Gott
sprach zu ihnen: Seid fruchtbar und mehrt euch, füllt die Erde und **unter-
werft sie** und waltet über die Fische des Meeres, über die Vögel des Him-
mels und über alle Tiere, die auf der Erde kriechen![6]

---

6 Die Bibel, Einheitsübersetzung 2016

In Genesis 1,28 befindet sich der Satz in der Bibel, den ich nur aushalten kann, wenn ich ihn als massiven Übersetzungsfehler verstehen darf: „[U]nterwerft sie und waltet über die Fische des Meeres, über die Vögel des Himmels und über alle Tiere, die auf der Erde kriechen!“ Ich möchte es viel lieber so interpretieren: „Liebe Menschen, ihr dürft zusammen mit den anderen Geschöpfen auf der Erde leben, ihr seid die Schutzbefohlenen, also kümmert euch gefälligst darum. Nachhaltig.“

Doch nun zurück zu Darwin: Ganze 23 Jahre lang hielt er aufgrund von Gewissensbissen seine bahnbrechenden Erkenntnisse geheim. Interviews mit Hühnerzüchtern (u. a. mit Sir John Sebright, dem Erzüchter der Sebright) bestätigten ihn in seiner Hypothese, wie sich Tiere in verschiedene Arten aufspalten konnten. Jeweils die Merkmale, die der Züchter bevorzugt, setzen sich im Laufe mehrerer Generationen durch. Wenn es aber in der Natur keinen Züchter gibt, so übernimmt „der Kampf ums Überleben und die Fortpflanzung“ diesen treibenden Mechanismus. Darwin selbst hielt auch einige Jahre diverse und möglichst unterschiedliche Hühnerrassen (unter anderem Haubenhühner) und führte Verpaarungsversuche durch, bei denen er bemüht war, wieder eine Art Bankivahuhn zu erzeugen. Nach dem Atavismus-Prinzip (Urahn/Rückfall) hoffte er, dass dadurch das eine Urahn-Huhn wieder zum Vorschein kommen könnte.

Gregor Johann Mendel lebte etwa zeitgleich mit Darwin und veröffentlichte seine Regeln zur Vererbungslehre 1866. Diese wurden aber lange in Fachkreisen nicht verstanden und erst 1900 durch andere Wissenschaftler bestätigt. Mendel schickte Darwin bereits in den 1860er Jahren Post. Darwin sprach allerdings kein Deutsch und sah keinen Anlass, einen Übersetzer zu bemühen; er öffnete den Brief nicht. Was für eine tragische Anekdote in der Wissenschaftsgeschichte. Was wäre gewesen, wenn sich diese beiden bei einem Bier im Pub auch nur ein paar Stunden lang ausgetauscht hätten? Mendel hatte ein extrem wichtiges Puzzlestück Wissen, zu dem Darwin nie Zugang gefunden hat. Darwin konnte mit mathematischer Argumentation nichts anfangen. Für Mendel hingegen war die Stochastik (Wahrscheinlichkeitsrechnung) ein nützliches Werkzeug, um seine Regeln zu belegen

Ein Sebright-Hahn in Gold-Schwarzgesäumt. Ein Hahn? Ist das nicht eine Henne, das Tier hat doch keine Sichelfedern im Schwanz! Ein Rassemerkmal der Sebright ist, dass die Hähne „hennenfiedrig" sind. Quelle: © pix-l passion/Shutterstock.com

Mein prächtiger Crevècoeur-Hahn im Herbst 2015. Auf der Leinetalgeflügelschau wurde er mit einem „Hervorragend" bester Hahn der Ausstellung. Leider hat er sehr gerne sehr viel gekräht und wurde zunehmend aggressiver. Rechts im Hintergrund noch eine Vorwerkhenne.

und Vorhersagen treffen zu können. Als geweihter Priester des Augustinerordens wollte Gregorius Mendel aber in der Kirche nicht als Darwinist gescholten werden und so mied er öffentliche Gespräche über die Evolutionstheorie.

Mit dieser rückte Darwin nämlich den Menschen aus dem Zentrum der Schöpfung. Er soll gesagt haben: „Ich bin niemals ein Atheist in dem Sinne gewesen, dass ich die Existenz Gottes geleugnet hätte." Aber die Frage bleibt: Wenn es einen Gott gibt, welche Rolle spielt er bei der Evolution?

Archaeopteryx. In meinem persönlichen Ranking das wichtigste Dinosaurierfossil jemals. Quelle: © Natalia van D/ Shutterstock.com.

Für stark gläubige Kreationisten[7] ist Charles Darwin immer noch der größte Ketzer aller Zeiten. Sie versuchen zu beweisen, dass die Erde nur 6.000 Jahre alt ist, indem sie versteinerte menschliche Fußspuren neben denen von Dinosauriern suchen. Das wäre der Beweis, dass Gott auch die Fossilien für uns geschaffen hat. Was für ein Stümper aber wäre Gott dabei gewesen, wenn ihm so ein offensichtlicher Fehler unterlaufen wäre?

Jetzt wird auch klar, warum es nach 1860 zu einer explosionsartigen Entwicklung von zahlreichen Hühnerrassen kam. Charles Darwin hat den theoretischen Unterbau geliefert, der klarmachte, dass die Arten nicht „gottgegeben“ und in Stein gemeißelt sind.

---

[7] Kreationismus bezeichnet die religiöse Auffassung, dass das Universum, das Leben und der Mensch buchstäblich so entstanden sind, wie es in der Heiligen Schrift in der alttestamentlichen Genesis geschildert wird.

Ein Gesteinsaufschluss an der spanischen Küste. So sieht die Dokumentation von einem Massenaussterben 66 Millionen Jahre danach aus: rechts die Schichten aus der Kreidezeit, gefüllt mit zahlreichen Arten und Leitfossilien, die in den Schichten links im Paläogen niemals mehr wieder auftauchen. Quelle: © Guillermo Guerao Serra/ Shutterstock.com

Das Fossil vom *Microraptor gui* zeigt, dass Laufbefiederung, wie z. B. bei Marans und Brahma, bereits vor 130 Millionen Jahren auf unserer Erde vorhanden war. Quelle: © Mark Brandon/Shutterstock.com.

Der Fund des Urvogels Archäopteryx 1861 in der Fränkischen Alb passte exakt zur Evolutionstheorie: Ein Urvogel aus dem Süddeutschen Juragestein, vor circa 150 Millionen Jahren gut eingebettet im Solnhofener Plattenkalk. Dieses Tier vereint Merkmale von modernen Vögeln mit denen von Dinosauriern.

Erdgeschichtliche Geschwister der Urvögel sind die Raptoren, Cousins die riesigen Raubsaurier à la *Tyrannosaurus rex*. An der Kreide-Paläogen-Grenze in den Gesteinsschichten finden Wissenschaftler weltweit eine Iridium-Anomalie. Diese deutet auf den verheerenden Meteoriteneinschlag hin, der dem Zeitalter der Dinosaurier ein Ende machte.

Seltsam, dass wir nach wie vor von einem Gesamtaussterben der Dinosaurier ausgehen. Vielleicht, weil im Film Jurassic Park keine befiederten Dinos vorkamen? Erst Jahre später wurden immer wieder Dinosaurierskelette mit Befiederung gefunden, z. B. der *Microraptor* aus China. Übrigens gab es damals auch schon die Fußbefiederung, genau wie bei den Marans.

Es ist wissenschaftlich belegt, dass Vögel eine Weiterentwicklung aus und bereits zu Zeiten der Dinosaurier sind. Genau wie frühe Säugetiere haben die Vögel das Massenaussterben vor 66 Millionen Jahren überlebt.

Mehr zu den Entstehungsgeschichten von einzelnen Hühnerrassen, ihren Charaktereigenschaften und der äußeren Farben- und Formenvielfalt wollen wir später im Kapitel zu den Hühnerrassen erfahren.

4. KAPITEL

Anatomie

Sobald man weiß, wie es normalerweise sein sollte, kommt man eventuellen Fehlentwicklungen, gesundheitlichen Beschwerden und Krankheiten viel einfacher auf die Schliche. Wenn man die Problemstelle präzise benennen kann, fällt es viel leichter, bei den Hühnerfreunden in der Chatgruppe kurz nach Rat zu fragen. Wer sich mit der Anatomie der Hühner auskennt, kann sie also leichter nachhaltig gesund und artgerecht halten.

Voll ausgebildete **Federn** sind nervenlose Keratingebilde, die im Kiel mit der Haut verbunden sind. Die Federn bestehen aus dem mittleren Kiel und den beiden Fahnen.

Der Aufbau einer Feder.

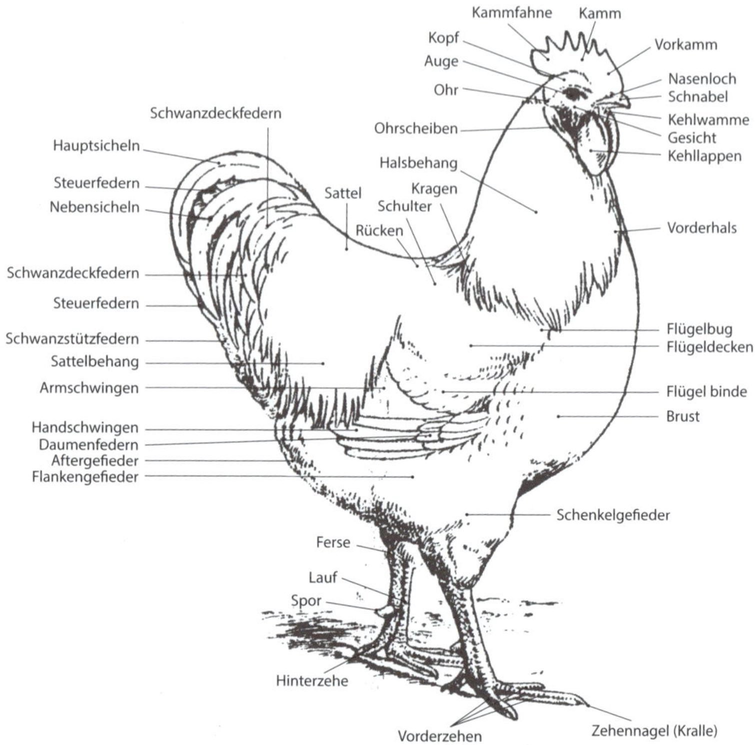

Äußere Merkmale bei Hahn

Quelle: © Erwin Tielemans/Shutterstock.com.

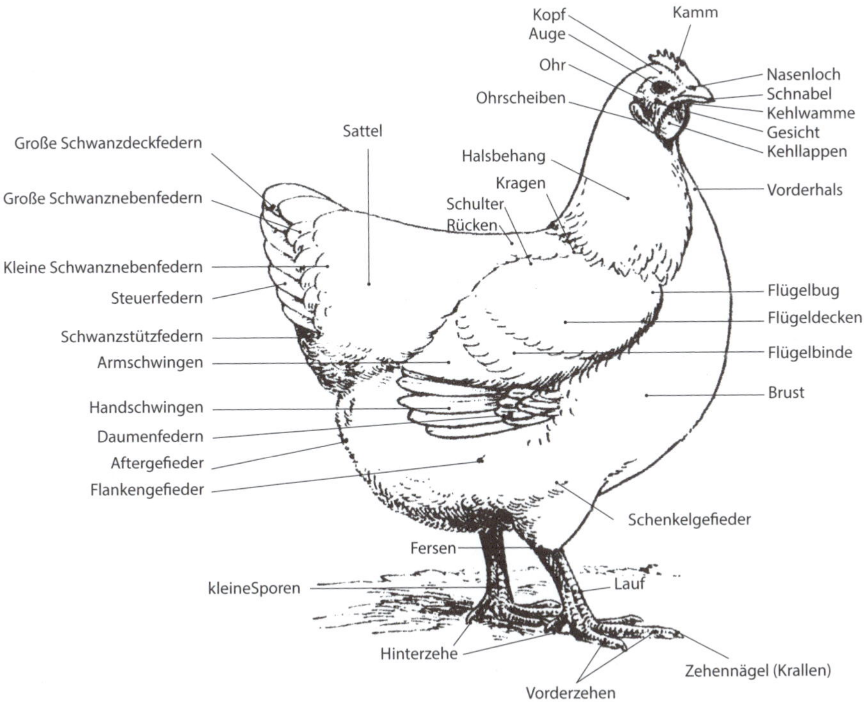

Äußere Merkmale bei Henne

Quelle: © Krzysztof Winnik/Shutterstock.com.

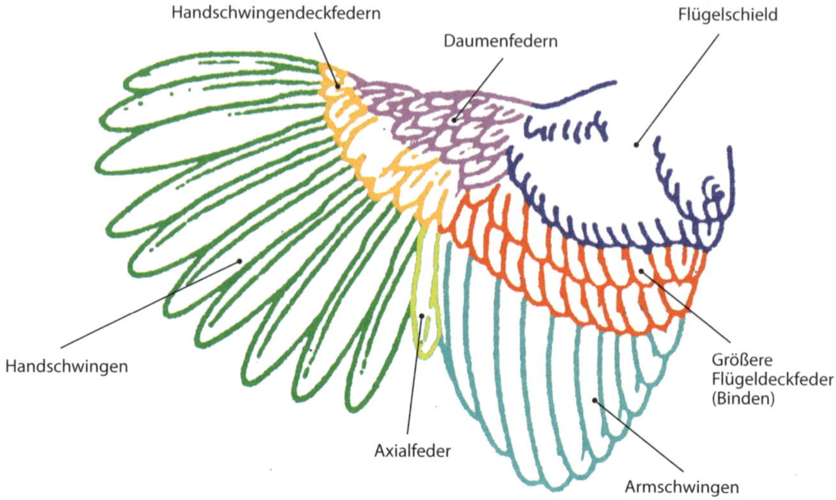

Die Bezeichnungen der unterschiedlichen Flügelfedern.

Diese Fahnen werden durch zahlreiche Federäste gebildet, die durch kleine Widerhaken verbunden sind. Das Federkleid wirkt wärmeisolierend und schützt die Vögel vor kleinen Verletzungen, Kälte, Regen und direkter Sonnenstrahlung. Durch die Federn können sich Vögel mit Farben ausstatten, sei es zur Tarnung oder zur Schaustellung ihrer prächtigen Vitalität. Das Gefieder wird auch für die visuelle Kommunikation genutzt. Nicht zuletzt können Vögel mithilfe der Federn fliegen.

Mauser

Im Leben eines Huhnes wechselt es mehrfach sein Federkleid. Als Küken hat es das typische Küken-Daunengefieder, dann folgen die Jugendkleider und das Erwachsenengefieder. Normale Hennen sind etwa im Alter von 21 Wochen körperlich vollständig ausgereift. Hähne benötigen meist etwas länger; der Schwanz und die Brust brauchen bei Rassetieren oft noch ein paar Wochen mehr. Bei Zwergrassen geht es deutlich schneller als bei großen Rassen. Wenn ein Küken im Frühling geschlüpft ist, hat es etwa im Spätsommer das vollständige

Erwachsenengefieder. Ungefähr ein Jahr danach, im Alter von eineinhalb Jahren, werden die Hühner zum ersten Mal vollständig mausern. Das alte Federkleid ist mit der Zeit etwas verschlissen und beschädigt. Es soll vor dem Winter erneuert werden. Der Beginn und die Dauer der Mauser sind von Tier zu Tier sehr unterschiedlich. Auch Züchter von einer Rasse in nur einem Farbenschlag berichten davon, dass einzelne Tiere schon mal Ende Juli in die Mauser gehen und andere erst im Dezember. Manche Hühner mausern schnell und komplett innerhalb von nur etwa einem Monat. Sie sehen zwischendurch aus wie Igel-Hühner, wenn die Federkiele am gesamten Körper neu herausschieben.

Wer zum ersten Mal die Mauser bei seinen Hühner erlebt, kann durchaus erschrocken einen Raubtierangriff vermuten, wenn plötzlich einige Federn auf dem Boden liegen und ein Huhn kaum noch Schwanzfedern hat. Andere Hühner mausern fast unbemerkt nach und nach nur einzelne Federn; das kann sich bis zu drei Monate hinziehen. Die Mauser ist ein natürlicher Vorgang, der sehr kräftezehrend für die Tiere ist. Zusätzliche Gaben von Bierhefe mit Vitamin B unterstützen ein reibungsloses Mausern. In dieser Phase wird nicht nur das Federkleid, sondern auch der Legeapparat und die Kalziumaustausch-Knochen (dazu gleich mehr) regeneriert. Daher legen Hennen während der Mauser keine Eier. Diese Legepause sei ihnen vergönnt. Es gibt auch eine Teil- und Schockmauser, die nur den Hals betrifft. Diese kann durch extremen Stress oder Hunger ausgelöst werden.

Das **Skelettsystem** der Vögel sieht dem der Säugetiere ähnlich, es gibt jedoch einige wichtige Unterschiede: Es ist deutlich leichter, da einige Knochen luftgefüllt (pneumatisch) sind. Bestimmte andere Knochen sind medullär. Das bedeutet, dass diese Knochen als Kalziumspeicher dienen. Bei Bedarf kann aus diesen Knochen Kalzium für die Eischalenbildung schnell abgebaut werden und ist somit verfügbar, wenn bei der Verdauung nicht ausreichend Kalzium gewonnen werden kann. Das kann kurz vor Sonnenaufgang sein, wenn die Nahrung bereits aufgezehrt ist oder wenn in der Nahrung nicht genug Kalzium enthalten ist. Im Vergleich zu Säugetieren haben Vögel einen Schnabel und die Augenhöhlen sind deutlich größer. Das Rumpfskelett ist versteift, um mehr Stabilität beim Fliegen zu bieten. Am großen

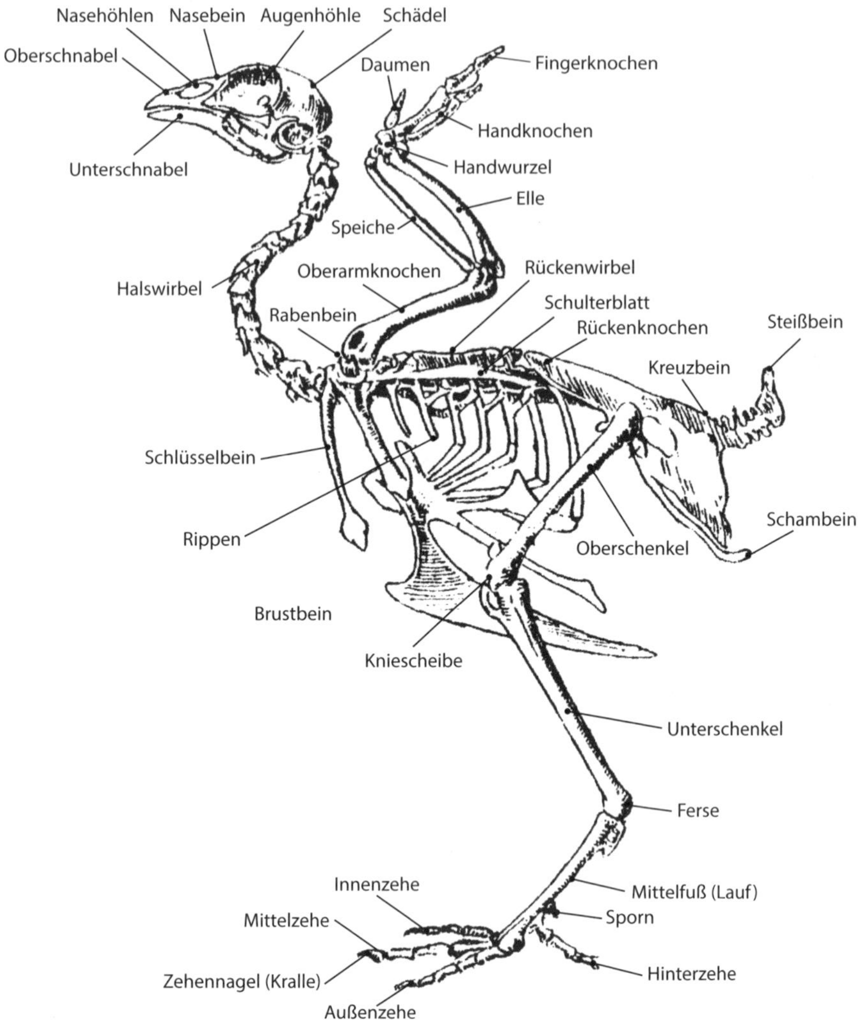

Das Skelettsystem vom Huhn

Brustbein und der Brustbeinleiste setzt die kräftige Flugmuskulatur an. Die vorderen Gliedmaßen sind zu einem Flügelskelett umgestaltet. Es gibt nur drei Finger. Am Mittelfuß gibt es einen Spor, der bei Hähnen deutlich größer ist als bei Hennen. Es gibt vier Zehen; die erste zeigt nach hinten, die anderen nach vorn.

Das Skelett macht nur einen Teil von der Gesamterscheinung des Huhns aus. Muskulatur und Gefieder spielen auch eine große Rolle.

Nun werden wir die inneren Organe des Huhns entsprechend ihrer Funktionen der Reihe nach durchgehen:

Atmung

Gesunde Hühner atmen durch die Nasenlöcher. Über den Kehlkopf gelangt die Luft in die Luftröhre (Trachea). Hühner haben kein Zwerchfell, dafür aber Luftsäcke und natürlich auch Lungen. Die Hühnerlungen können sich nicht wie bei uns ausdehnen und zusammenziehen, um Luft ein- und auszuatmen (zweitaktiger Rhythmus). Beim Huhn läuft die Atmung in einem viertaktigen Rhythmus ab: Beim Einatmen füllt das Huhn die einen Luftsäcke; aus diesen wird die Luft dann beim Ausatmen durch die Lunge geleitet. Beim nächsten Einatmen werden die anderen Luftsäcke gefüllt; mit dem Ausatmen wird die Luft vom ersten Einatmen ausgeblasen (viertaktiger Rhythmus).

Kleine Kinder benötigen oft etwas Führung im Umgang mit Tieren. Diese Fotosession mit einem Kleinkind und einer braunen Legehybridhenne war hoffentlich zügig und ohne nachwirkende Schäden beendet. Quelle: © Shevs/Shutterstock.com.

Das Befüllen und Entleeren der Luftsäcke geschieht durch Bewegungen der Rippen. Wenn man Hühner am Körper zu fest hält, können sie nicht mehr atmen. Gerade bei Kindern, die junge Hühner zu fest halten, kann so etwas mal aus Versehen passieren. Das Huhn schläft dann nicht ein, weil es sich auf dem Arm so unglaublich wohlfühlt – nein, es erstickt langsam und wird ohnmächtig. Hier ist also Vorsicht geboten.

Verdauung

Die Nahrung wird über den Schnabel aufgenommen. Hühner können nicht aktiv schlucken. Sie haben eine choanale Spalte (Verbindung zwischen Mund- und Nasenraum) und können daher kein Vakuum im Mund erzeugen. Stattdessen wird die Zunge benutzt, um die Nahrung in den Hals zu schieben.

Beim Trinken verwenden sie ihren Unterschnabel als Schöpfkelle und der Kopf muss nach oben gekippt werden, damit das Wasser in den Rachen fließt. Daher ist es sinnvoll, wenn die Trinkrinne etwa auf Schulterhöhe der Hühner platziert wird und nicht ganz unten auf dem Boden.

Im Schnabel befinden sich Speicheldrüsen, damit die Nahrung etwas geschmeidiger durch die Speiseröhre in den Kropf gelangt. Der Kropf ist eine Ausstülpung der Speiseröhre und dient der zwischenzeitlichen Aufbewahrung der Nahrung. Dadurch können die Tiere kurz ihren Kropf vollfressen, sich dann vor möglichen Beutegreifern verstecken und währenddessen gemütlich verdauen. Zum Beispiel

Die Tränke steht erhöht, so können die Hühner einfacher mit ihrem Unterschnabel schöpfen und das Wasser in der Rinne verdreckt nicht so schnell. Der Hahn hinter der Henne soll ein Hedemora sein, eine angeblich 1982 in Schweden wiederentdeckte alte Landhuhnrasse. Gut möglich, dass jemand in den 1970er Jahren Sumatra oder Ayam Cemani (beide mit schwarzer Haut) mit Marans oder Orpington gekreuzt und weitergezogen hat. Transparent dokumentiert, mit Zuchtidee und Standardbeschreibung, kann so tatsächlich eine neue Rasse entstehen. Ohne das ist es eher eine verkaufsfördernde Geschichte für sich ähnelnde Mixhühner. Quelle: © Hanneke Wetzer/Shutterstock.com.

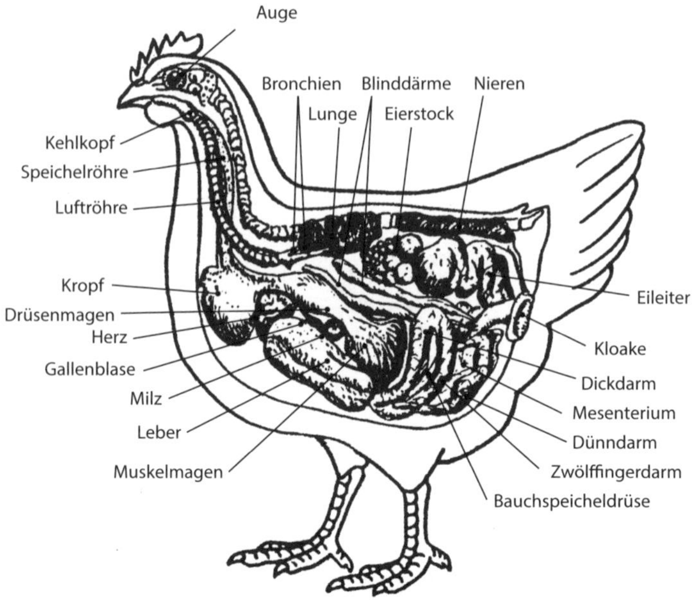

Innere Organe einer Henne

durch lange faserige Halme, die sich ineinander verknoten, kann es am Übergang zum Drüsenmagen zur Kropfverstopfung kommen.

Im Drüsenmagen wird der Nahrungsbrei mit Salzsäure und Pepsin so weit wie möglich aufgeschlossen. Direkt an den Drüsenmagen schließt sich der Muskelmagen an. Das ist das Kauwerkzeug unserer Hühner. Die „Zähne" müssen in Form von kleinen Steinchen, dem sogenannten Grit, vom Huhn erst gefressen werden. Dies ist besonders wichtig für Hühner, die viele ganze Körner zu fressen bekommen. Grit verweilt zum Teil im Muskelmagen, wird aber auch durch die Salzsäure angegriffen (vor allem, wenn es Muschelschalengrit ist) und nach und nach auch wieder mit ausgeschieden. Daher sollten die Hühner im Auslauf die Möglichkeit haben, kleine Steinchen aufzunehmen. Man kann diese im Baumarkt kaufen (wenige Millimeter Durchmesser) und dem Sandbad hinzufügen oder an einer anderen Stelle anbieten, falls die Hühner nicht sowieso schon im Boden durch das Scharren ausreichend Zugang zu kleinen Steinchen bekommen.

Weiter rutscht der Nahrungsbrei in den Zwölffingerdarm. Hier findet der Großteil der Verdauung statt. Die Bauchspeicheldrüse (Produktion Verdauungssäfte), die Leber (Stoffwechsel) und die Gallenblase (Fettverdauung) sind am U-förmigen Zwölffingerdarm angeschlossen. Der Brei geht weiter in den Dünndarm. Dort wird weiter verdaut und die verwertbaren Nährstoffe über die Darmschleimhaut in den Körper aufgenommen. Achtung: Hühner produzieren keine Lactase, die benötigt wird, um Lactose (Milchzucker) zu verdauen. Füttert man Milchprodukte mit viel Lactose, bekommen die Hühner Durchfall. Ab und an probiotische Joghurts sind in Ordnung, da diese Milchsäurebakterien enthalten, die Lactose aufspalten. Am Übergang vom Dünn- in den Dickdarm sitzen die Blinddärme. In den beiden Blinddärmen können Vitamine gebildet werden und Wasser wird resorbiert. Hier befindet sich eine Mikroflora, die schwer verdauliches Material (z. B. Grasfasern) fermentieren kann. Auf einer grünen Wiese können Hühner nur einen Teil ihres Nahrungsbedarfs durch Gras und Kräuter aufnehmen. Auch wenn noch Kerbtiere dazukommen, ist es dennoch

Normaler Kot mit weißen Hauben und flüssigerer, auch normaler Blinddarmkot morgens auf dem Kotbrett.

immer notwendig, den Hühnern zusätzliches Futter zur Verfügung zu stellen. Im Dickdarm wird dem verdauten Brei Flüssigkeit entzogen und der eingedickte Kot wird zwischengespeichert. Die Kloake ist der gemeinsame Ausgang des Verdauungstraktes und auch des Legeapparates. Es gibt zwei Arten von Hühnerkot. Der normale festere Dickdarmkot hat eine weiße Haube. Hühner pinkeln nicht. Sie haben auch keine Harnblase. Die weiße Haube sind Harnsäurekristalle, quasi der eingedickte wasserunlösliche Teil des Urins. Etwa jeder zehnte Kothaufen ist Blinddarmkot. Diesem fehlt die weiße Haube, er ist flüssiger, oft cremig und dunkelbraun, zum Teil mit unverdauten Fasern. Das ist also kein Durchfall oder Krankheitsanzeichen, sondern völlig normal.

Legeapparat

Der Legeapparat der Henne kann in Eierstock und Eileiter unterteilt werden. Anders als Säugetiere haben Hühner nur *einen* ausgebildeten Eierstock. Hennenküken schlüpfen mit über 3.000 mikroskopischen Eifollikeln. Anders als Sperma können Eifollikel nicht erneut nachgebildet werden. Die Eibildung wird durch Lichtstimulation angeregt. Durch die Tageslänge bzw. durch zusätzliches elektrisches Licht

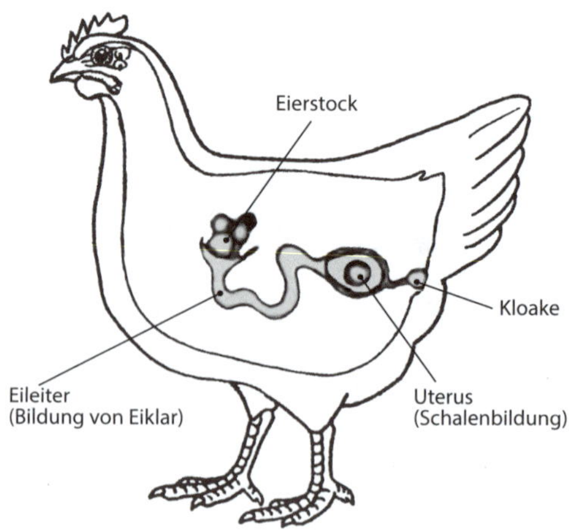

Legeapparat

können die Hühner auch im Winter zum Eierlegen animiert werden. Der Eidotter wird in der Leber gebildet und in den Eierstock transportiert. Bei der Ovulation (Follikelsprung) gelangt der Follikel mit dem Eidotter in den Eileiter. Falls ein Hahn die Henne zuvor getreten hat (Hennen können das Sperma sogar für wenige Wochen zwischenspeichern), kann am Beginn der Eileiter, dem Infundibulum, die Befruchtung des Eis stattfinden. Das Protoei durchwandert innerhalb weniger Stunden den Eileiter und das Eiklar wird hinzugefügt. Gegen Ende des Eileiters befindet sich der Uterus. Dort wird die Schale um das Ei gelegt. Wenn es keine weißlegende Rasse ist, wird hier auch das färbende Pigment mit auf die Eischale gelegt. Das Ei verweilt für circa zwanzig Stunden im Uterus. Durch den Vagina-Muskel wird das Ei über die Kloake gelegt. Beim Legeakt stülpt sich das Ende des Legeapparats ein wenig aus der Kloake heraus, das frische Ei hat also keinen Kontakt zum Kot im Dickdarm (der ebenfalls in der Kloake endet). Hennen legen Eier völlig unabhängig davon, ob ein Hahn vorhanden ist oder nicht.

Ein Orpington-Pärchen in Gelb bei der Paarung. Bei Hühnern oft „Treten" genannt. Der Hahn hält sich mit dem Schnabel in den Nackenfedern der Henne fest. Diese können dadurch in Mitleidenschaft gezogen werden. Ebenso können die Krallen des Hahns bei häufigem Besteigen der immer selben Henne zu Federverlusten und auch kleinen Verletzung auf dem Rücken der Henne führen. Quelle: © Guy J. Sagi/Shutterstock.com.

Die gesamte Eibildung dauert 24 bis 26 Stunden. Der jeweils nächste Eisprung findet normalerweise frühestens dreißig Minuten nach dem Legeakt statt. Somit können Hühner nicht dauerhaft täglich ein Ei legen. Nach einer kleinen Serie machen sie ein oder zwei Tage Pause.

Beim Hahn sitzen die Hoden über den Nieren direkt unter der Wirbelsäule am Rücken. In den Hoden werden das Sperma und Testosteron gebildet. Aus den Hoden führt ein Samenleiter zur Kloake. Beim Deckakt (bei Hühnern „Treten" genannt) gibt es keine Penetration; der Hahn hat gar keinen Penis. Es findet ein Kloakenkuss statt. Geht die vom Hahn umworbene Henne mit dem Tretakt in Ordnung, so hockt sie sich vor dem Hahn hin und winkelt die Flügel derart an, dass der Hahn gut aufsteigen und sich festhalten kann.

Der **Kamm** ist eines der auffälligsten Körperteile beim Huhn. Am bekanntesten ist die Variante Einfachkamm. Es gibt aber noch diverse andere Kammformen, die alle ihren optischen Reiz haben.

Der **Einfachkamm** beim Andalusier Hahn in Blaugesäumt. Hahn bis 3 kg, Henne bis 2,5 kg. Legeleistung 160 Eier in Weiß.

Der **Rosenkamm** bei einer Hamburger Henne. Hahn bis 2,5 kg, Henne bis 2 kg. Legeleistung 170 Eier in Weiß. Sehr gute Flieger. Hier soll der Kammdorn am Ende etwas nach oben zeigen. Bei den Wyandotten hingegen soll er der Nackenlinie folgen.

Der **Erbsenkamm** beim Shamo-Hahn. Kämpfer, Hahn bis 4 kg, Henne bis 3 kg. Legeleistung 80 bräunliche Eier.

Der **Wulstkamm** beim Orloff-Hahn in Gesperbert. Russisches Nationalhuhn. Hahn bis 3,5 kg, Henne bis 2,75 kg. 160 Eier in Weiß bis Hellbraun im ersten Legejahr.

Der **Wallnusskamm** beim Seidenhuhn-Hahn in Rot. Hahn bis 1,7 kg, Henne 1,4 kg. Flugfaul. Legeleistung fast 100 hellbraune Eier.

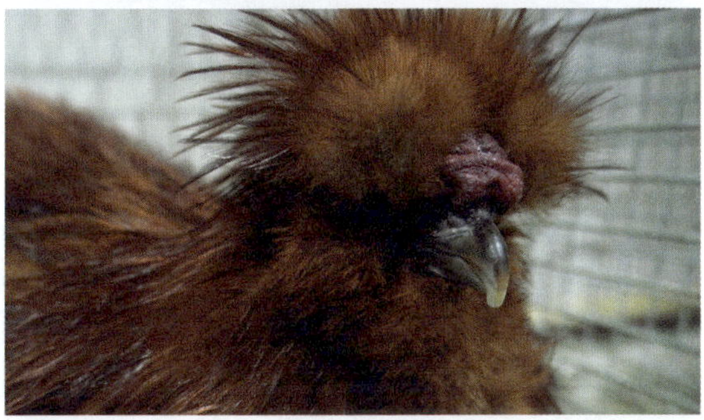

Der **Hörnerkamm** beim Crèvecoeur-Hahn. Hahn bis 3,5 kg, Henne 3 kg. Legeleistung 150 Eier in Weiß.

Der **Blätterkamm** beim Houdanhahn. Hahn bis 3,5 kg, Henne 3 kg. Legeleistung 160 Eier in Weiß.

Der **Wickelkamm** bei einer Altsteirer Henne. Hahn bis 3 kg, Henne 2,25 kg. Legeleistung 180 Eier in Elfenbeinweiß.

Der **Becherkamm** beim Augsburger Hahn. Hahn bis 3 kg, Henne 2,5 kg. Legeleistung 180 Eier in Weiß.

5. KAPITEL

Ernährung und Futterkunde

„Bitte einmal Schnitzel, Pommes mit großem Salat." Hühner sind Allesfresser.

So kann man sich die wichtigen Komponenten gut merken: Das Schnitzel steht für Eiweiß und das gesamte Rohprotein, das für Wachstum, Zellerhaltung und die Eibildung notwendig ist. Die Pommes stehen für die Kohlenhydrate, die Energie liefern – wichtig für Stoffwechselvorgänge sowie Wärme- und Bewegungsenergie. Überschüssige Kohlenhydrate können im Körper als Fett gespeichert

Quelle: © Food Shop/Shutterstock.com

werden. Zu fette Hennen legen kaum noch Eier. Der Salat mit Nüssen und Öl-Dressing symbolisiert Ballaststoffe, Vitamine, Mineralien und Fette.

Das Futter für Hühner sollte an die jeweilige Lebens- und Leistungsphase angepasst sein. Küken, Hähne und Junghennen benötigen beispielsweise deutlich weniger Kalzium als legende Hennen (Kalzium für die Bildung der Eierschale). Ein heranwachsender Hahn braucht mehr Protein als eine Junghenne. Für einen ausgewachsenen Hahn reicht weniger Protein als für eine legende Henne. Tiere in einer gemischten Gruppe einzeln zu füttern ist logistisch jedoch kaum möglich. Züchter teilen, sobald sie Küken nach Geschlechtern unterscheiden können, in zwei Gruppen auf und füttern dann angepasst: Junghennen erhalten bis kurz vor dem Legestart Junghennenfutter, Legehennen bekommen Legehennenfutter, und Junghähne erhalten Mastfutter.

Den Überblick zu behalten ist gerade am Anfang nicht leicht, besonders wenn man im Internet nach dem passenden Futter sucht.

Eine gesperberte Mechelner Henne mit Laufbefiederung. Hahn bis 5 kg, Henne bis 4 kg. Legeleistung bis 180 Eier in Cremefarbig. Spitzenzweinutzungshuhn für Eier und Fleisch. Quelle: © Mvolodymyr/Shutterstock.com.

Beim ersten Futterkauf im Landhandel vor Ort kann man jedoch meist gut beraten werden. Mein Vater wird allerdings oft falsch beraten und ihm wird Ergänzungsfutter als optimales Futter verkauft, ohne dass er die nötigen Ergänzungen dazu erhält. Deshalb bringe ich ihm bei meinen Besuchen immer einen Sack Alleinfutter mit.

Bei langjährigen Hühnerhaltern gibt es oft viele Meinungen und Überzeugungen zum Thema Futter. Eines ist jedoch klar: Es gibt verschiedene Wege zum Ziel. Was bei Florians 4 kg schweren Mechelner-Hühnern auf einer unbegrenzten Wiese gut funktioniert, könnte bei Peters federleichten (300 g) Serama-Hühnern in einer geschlossenen Sandvoliere völlig danebengehen. Es ist wichtig, dass sich jeder Halter intensiv mit den verschiedenen Begriffen und Zusammenhängen beschäftigt. Ein bisschen Experimentieren ist ebenfalls gut, um herauszufinden, was für die eigenen Tiere am besten funktioniert.

Schauen wir uns einmal die Vokabelliste des Hühnerfutters an. Danach verrate ich, wie ich meine gemischte Hühnertruppe füttere.

Eine Serama-Henne. Diese gelten als kleinste Hühner der Welt und wiegen zum Teil unter 200 g. Etwa 50 bis 100 Eier zu nur 20 g im Jahr. Sehr zutraulich. Häufige Berichte über große Verluste bei der Brut und Aufzucht machen mir Gedanken. Quelle: © pramot/Shutterstock.com.

Alleinfutter

Ein Alleinfutter wird vom Futtermittelhersteller so zusammengestellt, dass es als einziges Futter verfüttert werden kann und alle notwendigen Inhaltsstoffe abdeckt. In der Regel ist es für sehr legestarke Hybridhühner ausgelegt. Für Rassehühner sind zusätzliches Grünfutter und Kerbtiere im Auslauf jedoch vollkommen in Ordnung, ebenso wie gelegentliche Leckerli, eine Handvoll Getreidekörner oder Überbleibsel aus der Küche. Ein Legehennen-Alleinfutter enthält etwa 17 % Rohprotein.

Ergänzungsfutter

Ergänzungsfutter hat einen höheren Rohproteingehalt von 18–20 % und sollte (meist) im Verhältnis 2 : 1 mit einer Körnerfuttermischung gefüttert werden. Die Körnerfuttermischung hat deutlich weniger Rohprotein und verdünnt das Ergänzungsfutter. Füttert man ausschließlich Ergänzungsfutter, erhalten die Hühner bestimmte Inhaltsstoffe in zu hoher Dosierung. Der Vorteil von Ergänzungsfutter liegt darin, dass es günstiger sein kann, wenn man Getreide selbst anbaut oder es preiswert vom Landwirt bezieht. Allerdings ist es mit mehr Arbeit verbunden, und die Hühner könnten beim Fressen selektiv vorgehen. Um dies zu vermeiden, gibt man morgens die abgemessene Tagesration Ergänzungsfutter und abends die Körner.

Körnerfutter

Körnerfutter variiert je nach Hersteller in der Zusammensetzung. Es kann aus reinem Weizen oder Mischungen mit Mais (gebrochen, da sonst zu groß), Gerste, Muschelkalk, Sonnenblumenkernen, Erbsen, Grit, Haferflocken, Reis, Sojabohnen oder Hirse bestehen. Das Körnerfutter eignet sich auch zur Beschäftigung, wenn es in die Einstreu im Stall gestreut wird. Körner, die nicht gepickt werden, keimen im Auslauf und liefern zusätzliche Vitamine.

Körnerfuttermischung. Quelle: © BonnieMarquette/ Shutterstock.com.

Grütze und Schrot

Beide Begriffe bezeichnen klein gebrochenes Getreide.

Mehl

Mehl ist fein gemahlenes Futter. Je nach Hersteller gibt es Legemehl sowohl als Alleinfutter als auch als Ergänzungsfutter. Die Aufnahme von Mehl dauert länger, was in überbesetzten Ställen ohne Auslauf die Gefahr von Federpicken und Kannibalismus verringern kann. Hühner fressen Mehl jedoch oft nicht gern, und es kann als Staub in die Nasenlöcher und Atemwege gelangen.

Mehlfutter. Quelle: © sergey kolesnikov/ Shutterstock.com.

Pelletsfutter.

Pellets

In Pelletsform gepresstes Futter gibt es sowohl als Allein- als auch als Ergänzungsfutter. Pellets ähneln natürlichen Getreidekörnern und werden von Hühnern gut aufgenommen. Da alle Inhaltsstoffe zusammengepresst sind, nehmen die Hühner alle Komponenten gleichzeitig auf und können keine weniger beliebten, aber wertvollen Bestandteile aussortieren. Leider führen manche Futterhersteller durch irreführende Bezeichnungen, wie „Legekorn 20 Natur (pelletiert)“ oder „Frucht- und Gemüsekorn Premium“ (Pellets), zu Verwirrung.

Krümmel

Krümmel sind eine weitere Futterform. Kükenfutter wird oft aus Pellets, die für frisch geschlüpfte Küken zu groß sein könnten, zu Krümmeln verarbeitet. Pellets für Küken kann man in der ersten Lebenswoche auch selbst in einem Handmörser zerkleinern. Gerade Zwerg-Küken können die Pellets oft nicht aufnehmen.

Weichfutter

Weichfutter ist in Wasser eingeweichtes Futter. Eingeweichte Brotreste sind bei Hühnern oft sehr beliebt. Medikamente, die sonst aufgrund

Eingeweichtes Brot ist für meine Hühner ein Festessen. Die Bielefelder, Marans (rechts unten) und Crevècoeur (schwarze rechts oben, in der Mauser) kommen sofort angelaufen. Die graue Lavender und schwarze Ayam Cemani (rechts am Bildrand) kommen auch, halten sich aber meist etwas zurück.

des Geschmacks nicht getrunken würden, können einfach mit eingeweichtem Brot verabreicht werden. Zu viel eingeweichtes Brot kann jedoch Durchfall verursachen und den Proteinanteil der aufgenommenen Nahrung mit vielen Kohlenhydraten verdünnen. Dadurch könnten die Hühner Fett ansetzen und weniger Eier legen.

Kokzidostatikum im Futter

Es gibt Kükenfutter mit und ohne Kokzidostatikum. Kokzidiose ist eine Krankheit, bei der Einzeller die Innenwände des Verdauungstrakts so stark schädigen, dass Blut ausgeschieden wird – daher der Name „Rote Kükenruhr". Unbehandelt kann es zu schwerwiegenden Verlusten in der Aufzuchtgruppe kommen. Kokzidiose ist weltweit verbreitet, und unsere Hühner kommen früher oder später damit in Kontakt, ebenso wie mit Parasiten. Erwachsene Hühner sind normalerweise altersimmun, besonders anfällig sind jedoch fünf bis sieben Wochen alte Junghühner.

Es gibt verschiedene Strategien gegen Kokzidiose. Eine Impfung ist möglich, und wissenschaftlich belegt ist, dass Oreganoextrakt im Trinkwasser ebenfalls hilft, die Erreger zu bekämpfen und die Altersimmunität schneller auszubilden. Ein Kokzidostatikum im

Kükenfutter (Antibiotika) unterdrückt die Erreger, sodass sich die Altersimmunität schneller ausbildet. Es gibt auch ein gut wirksames Medikament gegen Kokzidiose, das man jedoch schnell vom Tierarzt holen sollte, sobald blutiger Durchfall bei Küken auftritt. Andernfalls kann es für viele Küken bereits zu spät sein. Seitdem ich selbst einen Verlust von zwei Küken hatte, impfe ich meine Küken nach der ersten Lebenswoche und habe keine Probleme mehr. Da ich multiresistente Keime als großes Problem ansehe, füttere ich keine niedrig dosierten Antibiotika. Ich rate daher auch immer von Kükenfutter mit Kokzidostatikum ab.

Videotipp: Kokzidiose Impfung Hühner Küken.

https://youtu.be/QOTjA9xGWnM

Vitamine

Die typischen Hühnervitamine sind A, D, C und E. Ein Mangel an Vitamin A führt zu Bindehautentzündungen, einem geschwächten Immunsystem und einer verschlechterten Schlupfrate bei Küken. Vitamin D ist wichtig für den Kalziumspiegel im Blut. Ein Mangel kann Knorpelschäden, Rachitis und Störungen im Knochenbildungsprozess verursachen. Vitamin C ist unerlässlich für gesunde Knochen, Knorpel und Blut. Ein Mangel an Vitamin E kann entzündliche Hauterkrankungen (Diathese), Hirngewebsverlust (Enzephalomalazie), Muskelprobleme (Myopathie), eine verringerte Legeleistung und verminderte Schlupfraten bei Hühnern verursachen.

Die Vitamine A, D und E werden in Alleinfuttermitteln normalerweise in ausreichender Dosierung vom Hersteller zugesetzt. Gibt man oft Vitamine ins Trinkwasser, so ist es möglich, fettlösliche Vitamine (A, D, E) zu überdosieren. Ein Merkwort für die fettlöslichen Vitamine, die man nierenschädigend überdosieren kann ist „EDEKA".

Kalzium

Kalzium ist unverzichtbar für die Eierschalenbildung und das Skelett.

Phosphor

Phosphor ist essenziell für das Skelett.

Küchenreste

Viele Küchenreste, die ohne Hühner in den Biomüll wandern würden, können gesammelt und an die Hühner verfüttert werden. Dadurch werden sie handzahm. Bei uns sind das hauptsächlich Obst- und Gemüsereste, eingeweichte, nicht gegessene Schulbrote, vegetarische Essensreste (z. B. von Nudel- und Reisgerichten), Müslireste, kleingestoßene Eierschalen unserer eigenen Eier und Salatreste.

Giftig oder ungesund für Hühner

Hühner sollten keine verdorbenen, schimmligen oder angegorenen Essensreste erhalten. Auch Avocados, Zitrusfrüchte (wie Orangen und Zitronen), stark salzige Speisen, Süßigkeiten, scharf gewürzte Gerichte, roher Backteig, lange Grashalme (Gefahr von Kropfverstopfung), große Mengen Kohl, Milchprodukte mit hohem Laktosegehalt und rohe Nachtschattengewächse wie Kartoffeln (gekochte Kartoffeln sind jedoch in Ordnung) sind ungeeignet. Pflanzen wie Efeu und Rhododendron sind zwar giftig, stellen aber als Pflanzen in unserem Auslauf kein Problem dar.

Bierhefe

Bierhefe ist ein wahres Superfood, besonders für Küken, Junghühner und mausernde Alttiere. Sie entsteht als Nebenprodukt bei der Bierherstellung und ist reich an Protein, B-Vitaminen (B1, B2, B6, B12), Aminosäuren, Biotin, Natrium, Kalium, Kalzium und Magnesium. Bierhefe enthält keinen Alkohol. Etwas Bierhefepulver kann man gut mit eingeweichtem Brot oder geraspelten Möhren vermengen.

Keimende Weizenkörner. Quelle: © fortton/ Shutterstock.com.

Keimfutter

Lässt man Getreidekörner keimen, erhöht sich der Vitamingehalt deutlich. Es enthält viele B-Vitamine sowie die Vitamine E, K und C. Manchmal wird davor gewarnt, Keimfutter in Kombination mit Legehennenfutter zu verwenden, da der Rohproteingehalt durch die Keimung ansteigt. Es wird behauptet, dass Hühner dadurch zu viel Eiweiß aufnehmen könnten, was Nierenschäden verursachen soll. Dies ist jedoch eine Fehlinterpretation. Der Proteingehalt steigt durch die Keimung zwar um bis zu 30 %, jedoch nicht auf 30 %. Laut Herstellerangaben hat verzehrfertiges Keimfutter etwa 6 % Rohprotein. Da das Legehennenfutter etwa 17 % Rohprotein enthält, wird die Rohproteinkonzentration durch Keimfutter also reduziert.

Wasser

Hühner sollten ständig freien Zugang zu Trinkwasser haben. Eine große Tränke im Stall reicht bei mir aus. Die Hühner kommen bei Bedarf auch aus dem Auslauf in den Stall, um zu trinken oder zu fressen. Ein Huhn trinkt pro Tag etwa 200 Milliliter, bei Hitze deutlich mehr. Hält man zehn Hennen und besitzt eine Fünf-Liter-Tränke, so reicht das Wasser für etwa zwei Tage. Hühner sollten nie dursten müssen – auch nicht im frostigen Winter, außer für wenige Stunden zur Vorbereitung einer Impfung über das Trinkwasser.

Unterstützende natürliche Zusätze im Trinkwasser

Eine zerquetschte **Knoblauchzehe** in der Tränke kann einige Endoparasiten abtöten. Findet man diese am nächsten Morgen auf dem Kotbrett, sollte man erwägen, eine Kotprobe zum Tierarzt zu bringen, um mit einem Wurmmedikament weiter zu behandeln. **Apfelessig** im Trinkwasser (circa 2 %, also 20 ml Apfelessig pro 1 Liter Wasser) wird oft als Prophylaxe gegen Würmer und zur Unterstützung der Darmflora genutzt. Er soll auch gegen Stress helfen. **Oreganoextrakt** unterstützt die Darmgesundheit, regt den Appetit an und kann gegen Kokzidiose helfen.

Grünfutter und Kerbtiere im Auslauf

Freie Futteraufnahme von Grünzeug und Kerbtieren im Auslauf ist ein gesunder Bonus, kann aber nur einen Teil der Ernährung ausmachen. Giersch und Löwenzahn sind besonders wertvoll für Hühner, und die Freude ist groß, wenn nach dem Jäten des Kräuterbeets ein ganzer Eimer davon ins Hühnergehege kommt.

Giersch und Löwenzahn frisst diese Maranshenne gerne aus der Hand.

Muschelschalengrit.

Muschelschalenschrot

Klein geschrotete Muschelschalen sind extrem reich an Kalzium und dienen, bevor sie von der Magensäure aufgelöst werden, als Grit im Muskelmagen. Dies sollte allen Hühnern stets zur freien Verfügung stehen.

Grit/Magenkies

Hühner haben keine Zähne und benötigen kleine Steinchen (2 bis 5 mm groß), um ganze Getreidekörner im Muskelmagen zu verdauen. Kalkhaltiger Grit wird von der Magensäure zersetzt, und andere Magensteine rutschen nach und nach mit dem Nahrungsbrei durch den Verdauungstrakt und werden ausgeschieden. Basalt, ein kalkfreies magmatisches Gestein, eignet sich optimal als Splitt für Hühner.

Gritsteinchen.

So mache ich es:

Meine Hühner haben im Stall einen großen Futterautomaten mit Legehennen-Alleinfutter in Pelletsform, das ihnen „ad libitum", also zur freien Verfügung, bereitsteht. Da ich keine Mast-Rassen halte und die Hühner sich den Großteil des Tages im Auslauf aufhalten, habe ich bisher keine Probleme mit Überfressen aus Langeweile oder Überfettung beobachtet. Der Hahn frisst das Legehennenfutter mit. Im Stall steht auch eine große Stülptränke mit einem Fassungsvermögen von zwölf Litern. Ab und zu gebe ich entweder Oreganoextrakt oder Hühnervitamine ins Wasser, zum Beispiel vor Ausstellungen oder in der Zuchtzeit. Wasser mit Apfelessig mochten meine Hühner allerdings nicht besonders gern. Im Stall und im Auslauf habe ich einige Liter Muschelschalenschrot als Grit für den Muskelmagen und als zusätzliche Kalziumquelle platziert. Außerdem habe ich kleine Steinchen (2–5 mm) aus dem Baumarkt als Grit ins Staubbad im Auslauf gegeben.

Die „Hühnerschüssel" aus der Küche gibt es jeden Nachmittag. Wenn viele Hühner in der Mauser sind, mische ich Bierhefe ins eingeweichte Brot. Im Frühjahr bekommen meine Küken geraspelte Mohrrüben mit Bierhefe und ein paar Tropfen Speiseöl. Ab und zu werfe ich den Hühnern ganze Möhren in den Auslauf, die sie gern und fleißig wegpicken.

Am wissenschaftlichen Geflügelhof des BDRG wurden in den letzten Jahren verschiedene Rassehühner auf ihre Leistung und Futterverwertung hin untersucht. Die Hühner erhielten Legehennen-Alleinfutter ad libitum, hatten Auslauf und ein Lichtprogramm mit vierzehn Stunden Licht täglich, auch im Winter. Jeweils zwanzig bis vierzig Hühner verschiedener Züchter wurden ausgebrütet, geimpft und großgezogen, um die Legeleistung vergleichbar beurteilen zu können. Ein bis zwei Hähne liefen jeweils mit den Hennen.

Die Deutschen Lachshühner fraßen durchschnittlich 123 g pro Henne und Tag. Bezogen auf die Legeleistung und das Eigewicht benötigten sie 6,5 kg Futter, um 1 kg Eimasse zu erzeugen. Sie legten mit 22 Wochen die ersten Eier und erreichten im ersten Legejahr einen Durchschnitt von 132 Eiern mit einem Gewicht von 61 g (laut Rassestandard 160 Eier).

Eine Deutsche-Lachshuhn-Henne in Lachsfarbig. Hahn bis 4 kg, Henne 3,25 kg. Legeleistung zwischen 130 und 160 Eiern in Hellbraun. Quelle: © Lgieger/Shutterstock.com.

Sulmtaler Hennen in Gold-Weizenfarbig. Hahn bis 4 kg, Henne 3,5 kg. Legeleistung zwischen 142 und 180 Eiern in Hellbraun. Quelle: © Beate Panosch/Shutterstock.com.

Die Zwerg-Lachshühner fraßen nur 58 g Futter pro Henne und Tag. Sie benötigten 6 kg Futter für 1 kg Eimasse. Die ersten Eier legten sie mit neunzehn Wochen und erreichten durchschnittlich 97 Eier pro Jahr mit einem Gewicht von je 43 g (laut Rassebeschreibung 135 Eier).

Die Sulmtaler Hühner fraßen 122 g pro Henne und Tag. Sie benötigten 5,3 kg Futter für 1 kg Eimasse. Die ersten Eier legten sie mit 25 Wochen. Im Durchschnitt erreichten sie 142 Eier mit einem Gewicht von 61 g im ersten Legejahr (laut Rassestandard 180 Eier).

Futterverbrauch und Futterkosten pro Ei berechnen:

Variante 1:

Wir halten fünf Hennen einer Großrasse wie die Sulmtaler:

Angenommen, unser 25-kg-Sack Legehennen-Alleinfutter kostet zwanzig Euro. Die fünf Hennen fressen davon täglich 1.220 g. Der Sack reicht also für drei Wochen. In dieser Zeit legen die Hennen 77 Eier zu je 61 g. Die Futterkosten pro Ei betragen 26 Cent.

Variante 2:

Wir halten zehn Zwerg-Hennen wie die Zwerg-Lachshühner: Der 25-kg-Sack Legehennen-Alleinfutter kostet immer noch zwanzig Euro. Die zehn kleinen Hennen fressen täglich nur 580 g. Der Sack reicht somit für gut sechs Wochen (43 Tage). In dieser Zeit legen die Hennen 97 Eier zu je 43 g. Die Futterkosten pro Ei betragen 21 Cent.

Ein neuer Futtersack für die Tiere. Schreibt man sich beim Öffnen das Datum darauf, hat man später einen guten Überblick, für wie lange ein Sack Futter ausreicht. © Dusan Petkovic/Shutterstock.com

6. KAPITEL

Verhaltensweisen und Sozialstruktur

Es ist schon einige Jahre her: Nach dem gemeinsamen Mittagessen in der Mensa habe ich freudig ein paar Arbeitskollegen erzählt, dass ich nun Hühner halte und bereits in den Rassegeflügelzuchtverein eingetreten bin. Einer von ihnen sagte: „Im Grunde genommen sind Hühner doch nichts anderes als primitive, eierproduzierende, organische Schläuche, in die man vorne Futter füllt, damit hinten Eier und Kot herauskommen." Ich war mir unsicher, ob er Hühner wirklich als dumme und willenslose Gebrauchsgegenstände betrachtete oder ob er mich nur provozieren wollte. Zu meinem Geburtstag habe ich ihn danach jedenfalls nicht eingeladen!

Studien über Hühner haben sich in der Vergangenheit fast ausschließlich mit den gewinnoptimierenden Aspekten des „Produktionssystems Huhn" beschäftigt. Erfreulicherweise gibt es aber auch Untersuchungen, die das Denken, die Intelligenz, Fürsorge und die soziale Komplexität der Hühner beleuchten. Die Wissenschaftlerin Lori Marino hat für ihren zusammenfassenden Artikel „Thinking Chickens"[8] rund 300 wissenschaftliche Veröffentlichungen ausgewertet und beeindruckende Erkenntnisse über Hühner zusammengetragen.

Hühner können ein wenig Mathematik. Experimente mit fünf Tage alten Küken haben gezeigt, dass sie Mengen unterscheiden und diese sogar in eine Reihenfolge bringen können. Die Küken waren in der Lage, einfache Plus- und Minusaufgaben zu verstehen und

---

[8] Lori Marino (2017): Thinking chickens: a review of cognition, emotion, and behavior in the domestic chicken. Anim. Cogn. (2017) 20:127–147 DOI 10.1007/s10071-016-1064-4

Fünf Tage alte Rasseküken. V. l. n. r.: Nackthals rot, Nackthals wildfarben, Crèvecoeur schwarz, Nackthals blau, Deutsches Reichshuhn rot.

qualitativ zu lösen. Zwei Gruppen von Objekten mit unterschiedlicher Menge wurden ihnen gezeigt, die dann hinter zwei Trennwänden verschwanden. Anschließend wurde sichtbar, dass den Mengen eine bestimmte Anzahl entnommen wurde. Die Küken konnten erfolgreich herausfinden, hinter welcher Trennwand die größere Menge verblieben war – bis fünf konnten sie „rechnen".

Im Alter von nur fünf Tagen hätte das wahrscheinlich selbst Albert Einstein noch nicht geschafft. Hühner können sich die Flugbahn eines versteckten Balles bis zu 180 Sekunden merken – das ist vergleichbar mit den meisten Säugetieren. Menschenkinder zeigen etwa ab dem vierten Lebensjahr Selbstkontrolle. In einem Experiment bewiesen Hühner ebenfalls Selbstbeherrschung, wenn es darum ging, später eine bessere Futterbelohnung zu erhalten. Außerdem können sie ihre Position in der Rangordnung einschätzen und sich im Sozialgefüge angemessen verhalten, was stark auf Selbstbewusstsein hindeutet.

In der Kommunikation verwenden sie zahlreiche Gesten und mindestens 24 unterschiedliche Lautäußerungen, die klar codiert sind, um Informationen zu übermitteln (z. B. „Gefahr, roter Alarm“, „Habe ein Ei gelegt“, „Komm her“). Diese Fähigkeiten deuten auf ein gewisses Maß an Selbstbewusstsein und die Fähigkeit hin, die Perspektive eines anderen Tieres einzunehmen. Hühner können zudem neue Zeitintervalle erkennen und voraussehen: So pickten Hühner in einem Experiment gezielt alle sechs Minuten, um Futter zu erhalten. Hühner erleben verschiedene Emotionen wie Angst, Vorfreude und Besorgnis und treffen Entscheidungen basierend auf ihren Bedürfnissen. Sie zeigen auch eine einfache Form von Empathie und besitzen unterschiedliche Persönlichkeiten. Glucken zeigen eine breite Palette an mütterlichen Persönlichkeitsmerkmalen.

Die Glucke „hudert“ ihre Küken. So nennt man es, wenn sie die Kleinen schützend und wärmend unter ihren Körper nimmt. Quelle: © Matthew Troke/Shutterstock.com.

Bischof Damian ruft seine Hühner von der 40 m entfernten Hecke mit einem wiederholten Schnalzen. Klappt besser als bei meinem Labrador. Die Hühner sind eine bunte Truppe aus Hybriden vom Wagen und Rassehühnern.

Hühner können sich gegenseitig täuschen – etwa, wenn ein Hahn eine Henne mit dem „Leckerli-hier-für-dich"-Ruf zu einem Paarungsversuch lockt, obwohl kein Leckerli vorhanden ist. Sie lernen voneinander, zum Beispiel wie man über einen Zaun entkommt.

Videotipp: Hühner hören perfekt auf Rückrufkommando

https://youtu.be/qaFwsV2Qjfs

Ich habe einmal eine beeindruckende Situation beobachtet: Drei Hennen waren über den Hühnerzaun in ein Staudenbeet geflogen und verbrachten dort den Spätnachmittag. Als es dämmerte, fanden zwei Hennen problemlos über einen dicken Weinrebenast zurück in den Hühnerauslauf und dann in den Stall. Die dritte Henne fand den Weg jedoch nicht zurück. Aufgeregt lief sie unten am Zaun entlang und rief schließlich um Hilfe – so bemerkte ich das Spektakel vom Haus aus. Eine der beiden zurückgekehrten Hennen kam aus dem Stall zurück in den Auslauf, sah, was los war, nutzte den bekannten Weg über den Zaun und half der verängstigten Henne. Sie führte sie zurück in den Stall. Es war großartig, das zu beobachten. Ohne Zweifel: Fürsorge und Empathie gibt es auch unter Hühnern!

Hühner sind also keineswegs primitive, organische „Schläuche", sondern individuelle Charaktertiere, die es nicht verdienen, nur als Eierlieferanten betrachtet zu werden.

Häufige Fragen zur Sozialstruktur und zum Verhalten von Hühnern:

Kann ich nur Hennen halten, also ohne Hahn?

Ja, das ist kein Problem. Auch in Gruppen mit Hahn gibt es eine Alpha-Henne, die über rangniedrigeren Hennen und Hähnen stehen kann. Es kann sogar vorkommen, dass die Alpha-Henne über dem Hahn steht und ihn nicht aufsteigen lässt. Die Rangordnung bleibt so lange stabil, bis neue Tiere dazukommen oder frisch erwachsen gewordene Hühner sich neu einsortieren wollen. Neue Tiere werden in der Regel zunächst angegangen und starten ganz unten in der Rangordnung. Oft ist das Sozialgefüge schon nach zwei Tagen wiederhergestellt, manchmal kann es hingegen wenige Wochen dauern, bis sich die Gruppe wieder beruhigt hat. Entfernt man den Hahn, kann es passieren, dass die Alpha-Henne versucht zu krähen – das klingt zwar etwas anders, sieht aber genauso aus.

Videotipp: Eine Henne kräht.

https://youtube.com/shorts/SjYUywEMe-I

Oft liest man, dass die Rangordnung auch durch das Entnehmen von nur einem Tier durcheinandergebracht wird. Ich selbst habe das (außer beim Hahn) bislang nicht beobachten können. Die verbliebene Gruppe hat sich im Verhalten überhaupt nichts anmerken lassen. Völlig egal, ob ich ein oder zwei Hennen verkauft oder ob eine alte Henne gestorben ist.

Legen Hennen ohne Hahn Eier?

Das Eierlegen ist vollkommen unabhängig davon, ob ein Hahn dabei ist. Eine Gruppe nur mit Hennen legt genauso viele Eier wie dieselbe Gruppe mit einem Hahn. Ein Hahn kann jedoch das Sozialgefüge stabilisieren, als Beschützer dienen, Streit zwischen den Hennen schlichten und somit Stress reduzieren. Er bringt eine Vielzahl von Verhaltensmustern in die Gruppe ein, die für den Halter interessant zu beobachten sind. Durch diese stabilisierenden Funktionen, die ein guter Hahn in eine Gruppe einbringt, könnte es in der Tat zu einem kleinen „Eierbonus“ von +5 % kommen (Arbeitshypothese von Dr. Bene).

Rangordnung oder Hackordnung?

Es wird häufig von der Hackordnung gesprochen, wobei „Rangordnung" der passendere Begriff wäre. Dennoch wird die Rangordnung oft durch ein Picken in den Nacken gefestigt. Bei Umstrukturierungen der Gruppe (wenn neue Tiere dazukommen) wird sie jedoch meist anders ausgefochten: durch handfeste Kämpfe, bei denen die Füße voran und die Halskrausen aufgestellt werden. Manchmal sieht man eine Art Tanz, bei dem die Auf- und Abbewegungen des Kopfes und Halses vom Gegenüber exakt imitiert werden.

Die Unterwerfungsgeste besteht meist darin, dass sich das unterlegene Tier auf den Boden hockt und den Gegner aufsteigen lässt – ähnlich wie beim Paarungsakt. Ein Großmachen und Flügelschlagen gelten als Imponiergehabe. Auch ein beherztes Hüpfen in die Richtung des Gegners oder ein regungsloses Anstarren (wer sich zuerst bewegt, verliert) gehören zum Verhaltensrepertoire. Die Rangordnung legt fest, wer zuerst fressen darf, wer sich den besten Platz auf der Schlafstange aussuchen darf (rangniedrige Tiere gehen oft früher auf die Stange, werden aber später vertrieben), wer wen besteigen darf, wer

Zwei Kampfhähne stehen sich gegenüber. Quelle: © Tanawat Yodburee/Shutterstock.com.

wem Platz machen sollte und wer wem die Essensreste vom Schnabel picken darf (soziales Picken).

Falls man das Futter rationiert und nur zweimal täglich in einer Futterraufe füttert, sollte man darauf achten, dass genügend Platz für alle Hühner vorhanden ist. Können nicht alle Hühner gleichzeitig fressen, werden die rangniedrigsten Tiere verdrängt und können möglicherweise nicht genug Futter aufnehmen. Dies kann sie schwächen, krank machen und zu noch stärkerem Mobbing führen.

Kann man nur Hähne zusammen halten?

Ja, unter bestimmten Voraussetzungen ist das möglich. Am einfachsten ist es, wenn die Küken, sobald man das Geschlecht erkennen kann, in geschlechtergetrennte Gruppen aufgeteilt werden. Wachsen die Hähne gemeinsam auf, haben sie schon als Jungtiere spielerisch die Rangordnung festgelegt. So ist es möglich, auch zwanzig bis dreißig Hähne in einer Gruppe zu halten. Es kann hin und wieder zu kleineren Streitigkeiten kommen, aber in der Regel zu keinen ernsthaften Kämpfe. Allerdings habe ich keine Erfahrung mit

Zuchtfreund Edu zieht die Junghähne seiner drei Rassen gemeinsam groß. Die silberschwarzgesäumten sind die Deutschen Zwerg-Wyandotten. Rechts zwei Zwerg-Welsumer in Orangefarbig. Die roten mit dem schwarzen Schwanz sind die Zwerg-New-Hampshire.

Kampfhuhnrassen und kenne auch keine Züchter solcher Rassen im Verein oder Bekanntenkreis. Meine Ausführungen beziehen sich daher auf die „normalen“ Hühnerrassen.

Kann man auch zwei oder mehr Hähne in einer Gruppe halten?

Wenn es genügend Hennen pro Hahn gibt und der Auslauf sowie der Stall groß genug sind, kann es auch funktionieren, in einer größeren Gruppe zwei oder mehr Hähne zu halten. Mein 86-jähriger Zuchtfreund Edu hat beispielsweise ein großes ehemaliges Gärtnereiareal mit mehreren Ställen und Ausläufen. In einem Stall mit einem 25 m² großen Auslauf hielt er zwei Hähne zusammen mit nur zwei Hennen (Deutsche Zwerg-Wyandotten). Edu erzählte, dass diese Konstellation schon lange funktioniert und die Hähne gut miteinander klarkommen. Ob so etwas klappt oder nicht, hängt stark von der jeweiligen Rasse, dem Alter der Tiere und den individuellen Charakteren ab. Auch der Halter spielt eine Rolle: Manchmal muss er in der Lage sein, anfängliche Streitereien auszuhalten.

In diesem Abteil haben zwei Hähne und zwei Hennen der Deutschen Zwerg-Wyandotten ihr Zuhause. Der gelb-weißgesperberte Hahn ist unten in der Bildmitte, der gelbe (fast rote) Hahn ist ganz links.

Der Hahn kräht …

Ja, Hähne krähen – das ist ein angeborenes, natürliches Verhalten, das sich nicht unterbinden lässt. Allerdings gibt es erhebliche Unterschiede in der Häufigkeit des Krähens, der Lautstärke und dem Klang. Manche Hähne krähen sogar nachts, wenn sie vom geringsten Lichtstrahl des Mondes oder eines vorbeifahrenden Autos geweckt werden. Viele Hähne krähen ein paar Mal, wenn es morgens hell wird, andere sind gemütlicher und krähen nur am Vormittag, während wiederum andere den ganzen Tag über krähen.

Es gibt Hähne, die schon mit sechs Wochen ihre ersten Krähversuche starten (wie zum Beispiel meine Crèvecoeur), und solche, bei denen man über sechs Monate auf das erste Krähen wartet (wie bei meinen Bielefelder Kennhühnern). Eindeutig ist, dass sich Hähne in Hörweite gegenseitig zum Krähen anstacheln. Außerdem scheint es

Deutscher Lachshuhn-Hahn kräht tief und ein wenig melodisch lang gezogen. Für mich angenehm anzuhören.

so, dass ältere Hähne seltener krähen. Der Klang, die Häufigkeit und Lautstärke des Krähens hängen stark von der Rasse ab. Innerhalb einer Rasse gibt es jedoch Linien- oder Farbschlag-spezifische Unterschiede sowie individuelle Variationen. Leider war es mir bisher nicht möglich, für jede Rasse belastbare Aussagen darüber zu finden, welche Hähne besonders viel und welche weniger krähen. Meine grobe Beobachtung ist, dass Zwerg-Hähne tendenziell schriller und häufiger krähen als Hähne normaler Rassen. Hähne, die über 3 kg wiegen, haben oft einen tieferen und für mich angenehmeren Krähton.

Wie kann man neue Tiere in die Gruppe integrieren?

Ein Einzeltier zu integrieren ist schwieriger als zwei oder drei neue Hühner. Ein Einzeltier zieht die gesamte Aufmerksamkeit der Gruppe auf sich, wird mit Misstrauen betrachtet und oft auch von der ganzen Gruppe „begrüßt" – meistens nicht sehr freundlich. Kommen jedoch mehrere Hühner gleichzeitig dazu, verteilt sich der Stress auf mehrere Tiere, und es gibt Leidensgenossen. Ich habe beobachtet, dass Hühner, die gemeinsam transportiert wurden (auch wenn sie von verschiedenen Züchtern stammen), durch das gemeinsame, als gefährlich empfundene Erlebnis oft zusammengeschweißt werden und danach Freunde fürs Leben sind.

Falls möglich, empfehle ich, neue Hühner abends, wenn die alteingesessenen Hühner bereits fast schlafen, mit auf die Schlafstange zu setzen. Oft dürfen die Neuen am nächsten Tag schon mit der Gruppe mitlaufen. Manchmal bleiben sie noch ein paar Tage im Stall, bis sie sich in den Auslauf trauen.

Ich möchte eindringlich darum bitten, bei Rangstreitigkeiten nur im äußersten Notfall einzugreifen. Nimmt man bereits beim ersten Kampf ein Tier heraus oder greift ein, kann die Gruppe die harmonische Ordnung nicht selbst wiederherstellen. Ich würde nur eingreifen, wenn es blutige Verletzungen gibt, die weit über einen kleinen Kratzer im Kamm hinausgehen. Bei meinen erwachsenen Hühnern war das bisher nie nötig. Allerdings hatte ich in der Kükenaufzucht schon einmal sehr aggressive Küken, bei denen ohne mein Eingreifen vermutlich Kannibalismus ausgebrochen wäre.

Erstmals Hühner in einen neuen Stall und Auslauf setzen?

Wenn man Hühner zum ersten Mal in einen neuen Stall und Auslauf setzt, ist es sehr wichtig, dass die Tiere lernen, wo ihr sicherer Schlafplatz für die Nacht ist. Würde man die Hühner tagsüber direkt in den Auslauf setzen und ihnen dort Futter und Wasser anbieten, könnten sie bei Dämmerung den Weg in den sicheren Stall nicht finden und versuchen, irgendwo im Auslauf, möglichst erhöht, zu schlafen. Dieses Problem lässt sich einfach umgehen: Man setzt die Hühner zuerst in den verschlossenen Stall und bietet ihnen dort Futter und Wasser an. Ich empfehle, dies mindestens zwei Nächte und Tage durchzuhalten, damit die Hühner sicher wissen: „Hier gibt es Futter und Wasser, hier ist mein Schlafplatz, hier kann ich mein Ei legen, hier ist mein Zuhause." Bei Neuzugängen, die man abends in den Stall setzt, reicht eine Nacht meist aus. Die neuen Hühner beobachten die anderen und laufen ihnen am nächsten Tag hinterher.

Eine Henne wird stark gemobbt, was kann ich tun?

Leider kommt es immer wieder vor, dass eine Henne besonders stark gemobbt wird. Ein guter Hahn, der in der Alpha-Position auch über der Alpha-Henne steht, könnte solches Verhalten wahrscheinlich unterbinden. Möglicherweise wurde das gemobbte Tier als einziger Neuzugang in die bestehende Gruppe integriert und ist körperlich und psychisch noch nicht in der Lage, sich erfolgreich einzugliedern. Vielleicht ist die Henne auch noch nicht reif genug, um Eier zu legen, und das Problem löst sich in ein paar Wochen von selbst. Es könnte aber auch sein, dass die Henne Würmer oder Milben hat und deshalb geschwächt ist. In diesem Fall sollte man eine Gewichtskontrolle mit einer Küchenwaage machen und wöchentlich überprüfen, ob es bergauf geht.

Manche Hennen entwickeln jedoch so viel Gefallen am Mobbing, dass sie Futter und Wasser bewachen und das gemobbte Tier davon verscheuchen. Dieser Psychoterror kann so weit gehen, dass die gemobbte Henne sich nicht mehr traut, zum Futter zu kommen, selbst wenn die anderen im Auslauf sind. Hier sollte der Halter eingreifen: Am besten nimmt man die mobbende Henne aus der Gruppe, nicht das gemobbte Tier. Vielleicht gibt es einen Glucken- oder Quarantänestall, in dem die mobbende Henne für einige Tage untergebracht werden kann. Alternativ könnte man die mobbende Henne für eine Weile einem Hühnerfreund in dessen Gruppe geben, wo sie sich neu behaupten muss. Nach einigen Wochen kann man überlegen, ob der Hühnerfreund die Problemhenne behalten möchte oder ob man versucht, sie wieder in die eigene Gruppe zu integrieren.

Wann passieren Wesensänderungen bei Hühnern?

Im Teenageralter von zehn bis zwanzig Wochen sind Junghühner oft besonders draufgängerisch. Sie probieren aus, zum Beispiel in einer lauen Sommernacht lieber in einem Baum im Auslauf zu übernachten, oder sie überfliegen den Zaun und unternehmen Streifzüge. Spätestens mit der Geschlechtsreife, etwa ab der 21. Woche, wird es schlagartig ruhiger. Die Hennen werden ausgeglichener und ruhen mehr in sich selbst.

Bei Junghähnen kann sich mit der Geschlechtsreife und dem vermehrten Testosteronspiegel auch ein aggressives Verhalten gegenüber Menschen zeigen – muss aber nicht. Zuerst balzen sie vielleicht das Menschenbein an, rempeln oder zwicken in die Wade oder Kleidung. Später kann es sein, dass der Hahn tatsächlich angreift. Ein Stiefel oder Tritt als Abwehrreaktion ist verständlich. Sobald man den Stall oder Auslauf dann aber doch verlässt, wird der Hahn denken, dass er gewonnen hat, und beim nächsten Mal wahrscheinlich wieder angreifen.

Wenn man den Mut aufbringt und Handschuhe trägt, ist es ratsam, den Hahn zu greifen und eine Zeit lang festzuhalten. Die Hühnergeste zur Unterwerfung besteht darin, das Tier auf den Boden zu drucken. Man kann dasselbe mit einem aggressiven Hahn tun, indem man ihn zu Boden drückt, zwei Finger auf seinen hinteren Rücken legt (um die Füße eines dominierenden Hahns zu simulieren) und gleichzeitig seinen Kopf auf den Boden drückt. Diese Position so lange halten, bis der Hahn sich entspannt und euch als überlegen akzeptiert. Je nachdem, wie stur der Hahn ist, kann dies für einige Tage oder längerfristig Abhilfe schaffen. Interessant ist, dass Hühner Menschen sehr gut unterscheiden können und oft nur den Mann, nur die Frau oder

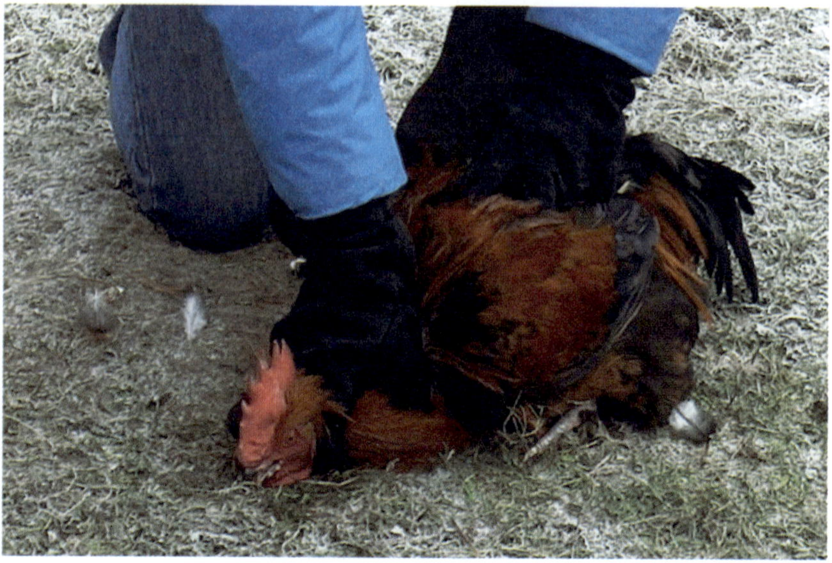

Diese Geste versteht auch ein aggressiver Hahn: zu Boden drücken, dabei mit der einen Hand den Kopf zu Boden drücken und mit der anderen auf dem Rücken den Hahn am Boden halten.

die Kinder der Halterfamilie angreifen. Sollte jedoch Verletzungsgefahr bestehen, sollte man überlegen, den Hahn zu schlachten oder ihn zu verschenken.

Hennen, die brüten wollen (oft als Glucken bezeichnet), durchleben eine hormonelle Umstellung. Sie werden oft deutlich energischer, zickiger und aggressiver, da sie das Nest und später die Küken verteidigen müssen. Das ist vollkommen verständlich.

7. KAPITEL

Beliebte Hühnerrassen

Es gibt Hühnerrassen, die viele Eier legen, die Hähne aber wenig Fleisch ansetzen: Gute **Legerassen**.

Es gibt Rassen, die weniger Eier legen, dafür aber schnell Fleisch ansetzen und schwer werden: **Fleischrassen**.

Es gibt Rassen, bei denen die Hennen gut legen und die Hähne einen ordentlichen Braten abgeben: **Zweinutzungsrassen** (Eier und Fleisch).

Es gibt Rassen, die zwar auch ein paar Eier legen, aber eher als **Zierhühner** zu betrachten sind. In diese Gruppe möchte ich auch die Kampfhühner einsortieren, da sie in keine der anderen Gruppen passen wollen und mir eine eigene Gruppe **Kampf-Sport-Hühner** als vollkommen aus der Zeit gefallen erscheint.

Es gibt alle erdenklichen Zwischenstufen.

Im **B**und **D**eutscher **R**asse**g**eflügelzüchter BDRG (siehe Kasten zum BDRG) gibt es über 180 offiziell anerkannte Hühner- und Zwerghuhnrassen.

Die Erscheinungsform sowie die Eckdaten wie Legeleistung, Eigewicht und Schalenfarbe kann man leicht recherchieren. Viel schwieriger ist es, etwas über das Wesen und den Charakter der Rassen herauszufinden. Huhn ist nicht gleich Huhn und es gibt enorme Unterschiede zwischen den Rassen. Züchter berichten sogar von unterschiedlichen Verhaltensweisen je nach Farbe innerhalb derselben Rasse. Natürlich kann auch unter den Einzeltieren eine gewisse Varianz auftreten. Und selbstverständlich spielt es eine ganz große Rolle, ob man die Hühner nur minimal versorgt, sie sich ansonsten selbst überlässt oder ob man sich regelmäßig mit den Tieren beschäftigt und sie aktiv zähmt.

Bund Deutscher Rassegeflügelzüchter

Eine ganze Reihe von Hühnerrassen wurde mit Hinblick auf eine optimale Anpassung an ihre regionale Umwelt gezüchtet. Diese Zucht erfolgt durch Selektion auf vom Menschen festgelegte Schönheits- und/oder Leistungsmerkmale. Reinrassig gezüchtete Hühner leisten somit einen wichtigen Beitrag zur Erhaltung der genetischen Vielfalt. Würde man die Hühnerrassen ohne festgeschriebene Standardbeschreibung wild kreuzen, so gäbe es in einigen Jahren fast nur noch Mischhühner. Es wäre zu befürchten, dass dadurch besondere Eigenschaften wie z. B. bläuliche oder sehr dunkelbraune Eierschalen, Hauben, Bärte, extravagante Kammformen und besonders schön gezeichnete Farbvarianten verloren gehen würden.

Der Bund Deutscher Rassegeflügelzüchter (BDRG) hat sich daher dem Erhalt der vielen verschiedenen Geflügel- und Taubenrassen verschrieben, die nach einem festgelegten Standard gezüchtet werden.

Der Verband wurde 1881 gegründet und repräsentiert derzeit rund 180.000 Menschen in Deutschland.

In bundesweit mehr als 4.600 örtlichen Vereinen gehen Menschen sämtlicher sozialer, wirtschaftlicher und ethnischer Hintergründe dem Hobby Rassegeflügelzucht nach und überbrücken damit jegliche gesellschaftlichen Barrieren.

In einer Zeit der immer weiter fortschreitenden Technisierung und Entfremdung des Menschen von der Umwelt kann Rassegeflügelzucht einen wichtigen Beitrag zum Ausgleich liefern. Auch daher sieht es der BDRG als seine Aufgabe, Interessenten den Zugang zu einem naturverbundenen Hobby zu ermöglichen.

Ich hatte den Eindruck, in beinahe jeder Rassebeschreibung die Floskeln „wetterfest, frühreif, frohwüchsig, lebhaft, neugierig und leicht zu zähmen" zu lesen. Entweder man spricht die Züchter und Halter der Rassen direkt an und hofft auf eine ehrliche Einschätzung oder man versucht, in der Rassebeschreibung zwischen den Zeilen zu lesen. Bei den Italienern fehlt z. B. in der Beschreibung das „neugierig und leicht zu zähmen", stattdessen liest man „gewandt, flugfähig und emsige Futtersucher im weiten Auslauf". Oder man probiert mal eine Henne der Rasse aus. Am Anfang wird man wahrscheinlich sowieso gerne verschiedene Rasse zusammen laufen lassen wollen. So läuft eine bunte Truppe im Garten und man kann sich auch einen farblich ansprechenden Eierkorb zusammenstellen. Die Hennen der allermeisten Rassen

Ein Asil-Hahn. Eine uralte indische Kampfhuhnrasse. Hahn bis 2,5 kg, Henne 2 kg. Legeleistung 70 Eier in Cremefarbig. Quelle: © Soumitra Giri/ Shutterstock.com.

und auch Zwerg- mit Normalgroßrassen kann man sehr gut miteinander vergesellschaften. Schön wäre es natürlich, wenn man immer mindestens zwei Tiere vom selben Züchter holt, da diese sich dann schon kennen und als kleine Clique zusammenbleiben. Aber auch Einzeltiere werden sich mit der Zeit in eine Gruppe integrieren.

Ich habe in den letzten Jahren jeweils drei oder vier Rassen zusammen ausgebrütet und aufgezogen. Obwohl ich sie alle gleich behandle, beobachte ich während der Aufzucht und auch später bei den erwachsenen Tieren einen erheblichen Verhaltensunterschied. Wenn ich mit der Hühnerküchenschüssel in den Auslauf komme und mich immer auf denselben großen Stein setze, kommen die Bielefelder, Marans und Crèvecoeur sofort angelaufen und bestürmen mich, manche

Junge Ayam-Cemani-Hennen. Durch eine Hyperpigmentierung (Fibromelanosis) sind sie komplett schwarz, auch die Augen, Haut, Knochen, Fleisch. Aus Indonesien. Hahn bis 2,5 kg, Henne 2 kg. Legeleistung 80 Eier in Weiß. Gelten als Glücksbringer. Gute Flieger.

springen sogar schon mal auf mein Bein, um eher aus der Schüssel picken zu können. Zahme Hennen darf ich dann auch berühren, streicheln und hochnehmen. Die Nackthalshühner, Lavender Araucaner und die Ayam Cemani hingegen sind da wesentlich zurückhaltender und hoffen, dass ich möglichst schnell den Auslauf wieder verlasse und die anderen noch nicht alles Leckerfutter aufgefressen haben. Wenigstens die Ayam Cemani sind so neugierig, dass sie doch mal vorsichtig zur Schüssel kommen. Berühren darf ich sie allerdings bislang nicht.

Die Hühnerrassen werden grob in die normalgroßen Rassen und die Zwergrassen eingeteilt. Die allermeisten Rassen gibt es sowohl in einer großen, circa 2–4 kg schweren Variante sowie in einer züchterisch verzwergten Zwergvariante, oft nur bis etwa 1 kg schwer. Ein paar Zwergrassen gibt es nicht in einer großen Variante, diese nennt man **Urzwerge**.

Allgemein kann man sagen, dass die Zwerge aufs Einzeltier bezogen weniger und kleinere Eier legen, besser fliegen können, weniger Futter fressen, weniger Platz benötigen und die Hähne etwas schriller, dafür aber nicht so voluminös laut krähen. Ausnahmen bestätigen die Regel: Die Zwerg-Wyandotten sind eine Rasse, die unglaublich flugfaul ist. Ein niedriger Zaun hindert sie also schon daran, das Gemüsebeet der Nachbarin zu plündern.

Ein Wort zur Entstehungsgeschichte der Hühnerrassen: Bei meinen Recherchen stoße ich immer wieder auf unterschiedliche Erzählungen. Wie viel Wahrheit oder geschicktes und romantisierendes (erfundenes) Marketing darin steckt, lässt sich gerade bei den Rassen, die älter als hundert Jahre sind, nur sehr schwer auseinanderhalten. Nur selten wird eine überprüfbare stichhaltige Quelle genannt. So habe ich z. B. die auch von mir unten nacherzählte schöne Geschichte zu den Brahmas als Tibet-Huhn bei W. Schwarz & A. Six in „Der große Geflügelstandard in Farbe“ (2007, Auflage 7) gefunden. Leider ohne jegliche Quellenangabe. Der erste Rassegeflügelprofessor Bruno Dürigen schreibt allerdings in seinem Werk „Geflügelzucht“ (1921, Auflage 3), es sei eine Tatsache, dass die Brahma in Nordamerika durch Kreuzung von Cochins und Malaien vielleicht auch unter Verwendung von Chittagongs geschaffen wurden. Das Chittagong-Huhn

Eine Gruppe Ohiki in einer Schauvoliere auf einer Ausstellung. Sie gehören zu den Urzwerg-Rassen, sind ursprünglich klein, es gibt keine Großform von ihnen. Weitere Urzwerge sind: Bartzwerge (Antwerpener, Bosvoorder, Grübbe, Ükkeler etc.), Bantam, Zwerghuhn (Belgisch, Deutsch, Holländisch), Chabo, Federfüßiges Zwerghuhn, Ohiki, Ruhlaer Zwerg-Kaulhuhn, Sebright, Siamesisches Zwerg-Seidenhuhn. Die Zwerg-Cochin bilden als Urzwerg eine Besonderheit. Von ihnen gibt es auch eine später erzüchtete Großrasse aus Vietnam, die früher als Cochin-China bezeichnet wurde.

Cochin-Hahn in Gelb. Hahn bis 5,5 kg, Henne bis 4,5 kg, 120 braungelbe Eier im Jahr. Flugfaul. Befiederte Läufe. Quelle: © pipapur/Shutterstock.com.

Malaien-Hahn. Kämpfer. Aus Cochin- und Malaien-Mixen wurden Brahma gezüchtet (so Dürigen). Malaien sind indische Urhühner. Hahn bis 4,5 kg, Henne 3,5 kg. Legeleistung 80 Eier in Hellbraun. Bei den meisten anderen Rassen wird so ein gebogener „Fischrücken" nicht gern gesehen, hier sind die drei Bögen aus Hals, Rücken und Schwanz ein Rassemerkmal, das man beim Hahn rechts im Hintergrund besser erkennt. Quelle: © Hendri images87/ Shutterstock.com.

kannte schon 1920 niemand in Europa. Bruno Dürigen schreibt, durch den Namen, der an die nahe der Brahmaputra-Mündung gelegenen Stadt erinnert, darf nicht auf einen besonderen Import und eine besondere Rasse geschlossen werden. Es seien schlicht Nachzuchten der ersteingeführten Cochin-Chinahühner oder Kreuzungen derer mit Malaien. Ihr Geburtsland sei aber ebenso wie das der Brahma Nordamerika. Da Dürigen in der Lage ist, in seinen Ausführungen sogar die Namen der allerersten Züchter der Brahma zu benennen, gehe ich persönlich davon aus, dass die Brahma ihren Ursprung doch nicht in den Hochtälern des tibetanischen Himalayas haben, sondern eine amerikanische Züchtung sind.

Kleines 1 x 1 der Hühnerrassen

Die folgende Auswahl von kurzen Rassenportraits präsentiert die zehn beliebtesten normalgroßen, die zehn beliebtesten Zwergrassen sowie vier weitere äußerst spannende Varianten.

Italiener

Die Italiener sind eine uralte Landhuhnrasse, deren frühe Dokumentation auf die Lombardei in Italien verortet wird. Sie waren bereits bei den alten Römern vorhanden und wurden so über Europa verbreitet. Die Italiener sind Legehühner mit mehrjähriger hoher Legeleistung. Für das erste Legejahr darf man fast 200 Eier zu je 55 g pro Henne erwarten. Die Eier sind weiß mit einer glatten Schale. Es sind mittelgroße, kräftige Hühner mit gestreckter, nach hinten ausladender Form. Die Italiener gelten als frühreife, äußerst lebhafte, gewandte, emsige Futtersucher im großen Auslauf, sind gut flugfähig, gute Winterleger, fast ohne Bruttrieb. Hähne wiegen bis 3 kg, Hennen bis 2,5 kg. Zwei Kammvarianten sind vorhanden: Einfachkamm (sehr häufig) und Rosenkamm (selten). Viele Farbschläge: Rebhuhnhalsig (Hauptfarbschlag), Goldfarbig, Silberfarbig, Schwarz, Schwarz-Weißgescheckt, Gelb-gestreift, Kennfarbig, Blau-Rebhuhnhalsig, Blau-Goldfarbig, Orangehalsig, Perlgrau-Orangehalsig, Rotgesattelt, Rot, Blau, Weiß, Weiß-Schwarz-Columbia,

Weißer Italiener-Hahn mit zwei Hennen. Quelle: © Ton Bangkeaw/Shutterstock.com.

Eine orangehalsige Italiener-Henne: Hier soll sich der hintere Teil des Kammes zur Seite legen, ohne dabei das Auge zu verdecken. Quelle: © Ila91/Shutterstock.com.

Goldbraun-Porzellanfarbig, Blau-Weißgescheckt, Gold-Schwarzgesäumt, Gold-Blaugesäumt, Gold-Weißgesäumt.

Mein Kommentar: Bei mir und auch in befreundeten Rassegeflügelzuchtvereinen kenne ich keinen Italienerzüchter, daher war ich erstaunt, als ich sie erstmals auf Platz eins der meistgezüchteten großen Hühnerrassen in Deutschland gesehen habe. Die Attribute „lebhaft, gewandt, gut flugfähig“ und, wie mir erzählt wurde, ein temperamentvolles (schreckhaftes) Verhalten, halten meine persönliche Lust, diese Rasse mal selbst zu halten, gering.

New Hampshire

Die New Hampshire wurden etwa 1915 in den USA aus den Rhodeländern (Rhode Island Reds) als frühes Zweinutzungshuhn mit hervorragenden wirtschaftlichen Eigenschaften gezüchtet: schnellwüchsig, frühreif, robuste Gesundheit, ruhig und zutraulich, flugfaul, gute Futterverwertung und Masteigenschaften. Die Hennen legen im ersten Jahr etwa 220 braune Eier zu je 58 g. Der Bruttrieb wird als noch mäßig vorhanden beschrieben. Es ist ein mittelschweres Huhn, die Henne wiegt bis 2,7 kg, der Hahn bis 3,5 kg. Die Kammform ist der Einfachkamm.

Die New Hampshire gibt es in den Farbschlägen Goldbraun (Hauptfarbschlag), Goldbraun-Blaugezeichnet und Weiß.

Mein Kommentar: Die New Hampshire haben auf dem Blatt unglaublich viele positive Eigenschaften. Kein Wunder, dass sie Platz

Eine Gruppe 1,2 (ein Hahn mit zwei Hennen) New Hampshire in Goldbraun. Quelle: © Usanee sitthipong/ Shutterstock.com.

Eine Gruppe Zwerg-New-Hampshire in Goldbraun bei Edu auf der Wiese.

zwei bei den großen Rassen belegen. Wahrscheinlich waren sie bislang nicht in meinem Blickfeld, weil die Konkurrenz durch andere Rassen einfach sehr groß ist. Aber die New Hampshire und auch die Vorläuferrasse Rhodeländer sollten immer eine sichere Bank sein, wenn man sich neben den ansprechenden Hühnern auch gern an hervorragenden Leistungseigenschaften erfreut.

Auch die **Zwerg-New-Hampshire** sind bei den Zwerghuhnrassen in den Top 10 platziert. Erstmals in den 1960er Jahren gelang die Verzwergung der Großrasse in Deutschland. Als Ausgangstiere wurden kleine Vertreter der New Hampshire, Zwerg-Welsumer, Zwerg-Wyandotten und Antwerpener Bartzwerge eingesetzt. Die Zwerg-New-Hampshire gelten als frühreif, wetterfest, gute Futterverwerter und können zutraulich werden. Der Hahn wiegt 1,2 kg, die Henne 1,1 kg. Die Legeleistung beträgt 140 Eier zu 40 g in (Hell-)Braun.

Farbschläge: Goldbraun, Weiß.

Videotipp: Zwerg-New Hamphire bei Edu

https://youtu.be/kZWZCXJy5xE

Australorps

Die Australorps wurden etwa 1920 in Australien aus Orpington und weiteren Rassen gezüchtet. Ziel war ein leistungsstarkes Huhn für Fleisch und Eier, ein Zweinutzungshuhn. Die Eigenschaften: schnellwüchsig, frühreif, vorzügliche Legeleistung, beste Fleischqualität, ruhig.

Die Legeleistung beträgt etwa 200 Eier zu je 55 g im ersten Jahr. Laut Standard ist die Eifarbe hellbraun. Ich würde es eher als Weiß

Australorps-Henne in Schwarz. Quelle: © whitejellybeans/ Shutterstock.com.

Australorps-Hahn in Schwarz. Quelle: © Ton Bangkeaw/Shutterstock.com.

oder Beige bezeichnen. Die Kammform ist der Einfachkamm. Es gibt drei Farbvarianten: Schwarz (Hauptfarbschlag), Weiß, Blaugesäumt.

Mein Kommentar: Ein Rassehuhn aus Down Under mit hervorragenden Leistungseigenschaften und keinen „Veto-Eigenschaften" wie z. B. gute Flieger oder meschenscheu. Schöne Tiere, aber für mich persönlich fehlt der besondere Wiedererkennungswert im Erscheinungsbild. Die Eifarbe ist 0815.

Auch die **Zwerg-Australorps** sind unter den zehn beliebtesten Zwerghuhnrassen. Sie wurden in Deutschland aus Zwerg-Orpington, dunkelläufigen Zwerg-Barneveldern und Deutschen Zwerg-Langschan gezüchtet und 1969 anerkannt. Es soll ein vitales, recht lebhaftes, aber zutrauliches Zwerghuhn sein, das in seinem ausgeglichenen Typ der Großrasse nahekommt. Der Hahn wiegt 1,3 kg, die Henne 1 kg. Die Legeleistung beträgt 160 Eier zu 40 g in Hellbraun. Es gibt sie ebenfalls in den Farbvarianten Schwarz, Weiß, Blaugesäumt.

Marans

Die Marans wurden circa 1895 in Frankreich im 4.500-Seelen-Ort Marans gezüchtet. Es ist ein Zweinutzungshuhn, dessen große Beliebtheit sicher durch die großen, sehr dunkelrotbraunen Eier begründet

Marans-Eier von zwei jungen Hennen. Es gibt sie auch noch in etwas dunklerer Schattierung. Das unten links ist aber schon sehr rassetypisch kastanienfarben.

ist. Etwa 170 dieser Schokoeier zu je 65 g legen die Hennen im ersten Jahr. Es sind robuste und bewegliche Landhühner. Die Läufe und die Außenzehen sind leicht befiedert, der Züchter sagt: bestrumpft. Die Kammform ist der Einfachkamm. Die Hähne werden bis 4 kg, die Hennen 3,2 kg schwer.

Diese Farben sind im BDRG anerkannt: Schwarz-Kupfer (Hauptfarbschlag), Blau-Kupfer, Schwarz-Silber, Gesperbert, Weiß, Gold-Weizenfarbig.

Marans-Hahn in Blau-Kupfer. Quelle: © Racheal Carpenter/Shutterstock.com.

Marans-Henne im typischen Schwarz-Kupfer. Quelle: © Dora Zett/Shutterstock.com.

Mein Kommentar: Die Hennen wurden bei mir zuverlässig schnell zahm, sind zum Teil sogar aufdringlich. Je nach Zuchtlinie können aggressive Hähne auftreten. Jeder Hühnerhalter sollte zwei Maranshennen allein schon für die tollen Eier mit in der Gruppe halten. Achtung: Die „Maran" oder „Marans+" vom fahrenden Gebrauchshuhnhändler sehen den Marans ähnlich, legen aber nur normal braune Eier.

Vorwerkhühner

Die schwarz-weißen Lakenfelder erschienen dem reichen Hamburger Kaufmann Oscar Vorwerk aufgrund des Kohlestaubs um 1901 zu grau und so fasste er den Plan, ein Designerhuhn nach seinen Vorgaben züchten zu lassen. Aus den Lakenfeldern, Ramelsloher, gelben Orpington und Andalusiern wurden die Vorwerk-Hühner gezüchtet. Ab 1912 verschenkte Oscar Vorwerk Tiere an interessierte Züchter, um seine Rasse schnell deutschlandweit zu verbreiten. Sie sind lebhaft, doch auch neugierig und können zutraulich werden. Glucken kommen selten vor. Nach dem Zweiten Weltkrieg gab es nur noch zwei

Ein wunderschöner Stamm 1,4 (= ein Hahn mit vier Hennen) Vorwerkhühner in einer Schauvoliere auf der Sösetal-Rassegeflügelschau vom GZV Osterode.

dokumentierte Zuchten der Vorwerkhühner, daher wurden wieder die Ausgangsrassen eingekreuzt, um ein Aussterben an Inzuchtdepression zu verhindern.

170 Eier zu 55 g. Eifarbe hellbeige, zum Teil gelblich. Hähne bis 3 kg, Hennen bis 2,5 kg. Die Vorwerkhühner sind auch für ihren markanten und einzigartigen Farbenschlag bekannt: die sogenannten Vorwerkfarben.

Mein Kommentar: Die Vorwerkhühner sind auf Platz fünf der am meisten gezüchteten großen Hühnerrassen in Deutschland. Dennoch werden sie oft fälschlicherweise als extrem selten und vom Aussterben bedroht dargestellt. Auf der Roten Liste einheimischer Geflügelrassen führt die „Gesellschaft zur Erhaltung alter und gefährdeter Haustierrassen e. V." (G.E.H.) die Vorwerkhühner auf, ebenso die Italiener (meistgezüchtete Hühnerrasse in Deutschland!) und weitere recht häufig gezüchtete Rassen. Es macht mir Sorgen, dass diese Liste der „bedrohten Haushuhnrassen" entweder durch Vetternwirtschaft, pure Inkompetenz oder Würfelglück zusammengestellt wurde. Insbesondere weil dadurch die tatsächlich seltenen und vom Aussterben bedrohten Rassen nicht das Rampenlicht erhalten, das sie bitter nötig hätten. Hinzu kommt dann noch, dass sich Ministerien bei der Ausrufung von Fördermöglichkeiten oder Ausnahmeregelungen bei der Geflügelpestschutzverordnung auf die Rote Liste der G.E.H. berufen.

Brahma

Eine Entstehungserzählung der Brahma geht wie folgt: 1846 wurden die Vorläufer dieser Hühnerrasse von amerikanischen Matrosen im indischen Ort Lkhimpur am tibetanischen Fluss Tsangpo entdeckt und in die USA eingeführt. Der Tsangpo wechselt an der Grenz zu Indien den Namen und wird zum Brahmaputra. Aufgrund der morphologischen Anpassungen der Rasse an extreme Kälte (Größenzunahme, dichte Befiederung, Ausbildung von Unterhautfett, starke Daunenentwicklung der Küken, Erbsenkamm, kleine Kehllappen, befiederte Läufe) und dem Fundort wird vermutet, dass diese Riesenhühner aus den tibetanischen Hochtälern stammen. Eventuell waren sogar buddhistische Mönche auf dem Dach der Welt mit beteiligt.

Ein Brahma-Hahn im Schnee. Quelle: © hsntarik/Shutterstock.com.

Ebenso wahrscheinlich ist diese Entstehungsgeschichte: Findige Züchter in den USA haben die Cochin mit Malaien gekreuzt und so die Brahma geschaffen. Der Name wurde gewählt, um den imposanten Tieren etwas Mystisches zu verleihen. Ist die Matrosen-Indien-Geschichte also nur geschicktes Marketing aus dem 19. Jahrhundert oder steckt doch ein Fünkchen Ortsbezug darin, wenn auch nur ein Importtier aus Indien mit in dieser Rasse steckt?

Davon abgesehen sind die Brahma eine Erscheinung von Kraft, verursacht durch die für ein Huhn beeindruckende Größe und die massige Ausformung des sehr breiten, federfüßigen Körpers. Verstärkt noch durch die herausfordernde Haltung und den kühnen Blick.

Sie wachsen recht langsam und fangen erst spät an, Eier zu legen (spätreif). Sie gelten als lebhafte Nicht-Flieger.

Zwei Brahma-Hennen im typischen Farbschlag Schwarz-Weiß-Columbia. Quelle: © DEWI-Stockphotos/Shutterstock.com.

Legeleistung 140 gelbbraune Eier zu etwa 53 g. Der Bruttrieb ist stark.

Hahn bis 5 kg, Henne bis 4,5 kg.

Farbvarianten: Weiß-Schwarz-Columbia (Hauptfarbenschlag), Weiß-Blau-Columbia, Gelb-Schwarz-Columbia, Gelb-Blau-Columbia, Silberfarbig-gebändert, Rebhuhnfarbig-gebändert, Blau-Rebhuhnfarbig-gebändert, Blau-Silberfarbig-gebändert mit orangem Rücken, Schwarz, Blau.

Mein Kommentar: Die Brahma-Hennen brüten sehr gerne, es gibt aber einige Berichte, dass sie mit ihrem Gewicht aus Versehen das Gelege zerstört oder Küken zerquetscht haben. Andere brutwillige Rassen als Ammen zu nutzen wäre also eine Vorsichtsmaßnahme. Mir ist kürzlich folgende Geschichte zugetragen worden: Ein Waschbär hat eine Hühnerhaltung angegriffen, zu der auch ein ausgewachsener Brahma-Hahn gehörte. Der Waschbär wurde von dem Brahma so schwer verletzt (hauptsächlich an den Augen), dass ein herbeigerufener Jäger den schwer verletzten Waschbären nur noch mit einem Fangschuss erlösen konnte.

Auch die **Zwerg-Brahma** sind unter den Top 10 der Zwerghuhnrassen. Dort sind sie die kleinen Riesen. Der Hahn wiegt 1,7 kg, die Henne 1,3 kg. Die Legeleistung sind 80 Eier zu 35 g in Hellbraun. Sie wachsen ebenfalls vergleichsweise langsam.

Farbschläge: Blau, Blau-Rebhuhnfarbig-gebändert, Blau-Silberfarbig-gebändert mit orangem Rücken, Gelb-Blau-Columbia, Gelb-Schwarz-Columbia, Isabell-Perlgrau-gebändert, Schwarz, Silberfarbig-gebändert, Weiß-Blau-Columbia, Weiß-Schwarz-Columbia.

Araucana

Diese mehrfach besonderen Hühner haben ihren Ursprung in Chile. Der Indianerstamm der Araucana wehrte sich in Südamerika bis etwa 1880 gegen die europäischen Einwanderer. Dort fand der chilenische Züchter Dr. Ruben Bustros, der zuvor in der chilenischen Armee gegen die Araucana gekämpft hatte, zwei ganz besondere Hühnerstämme: die Collonocas, die bläuliche Eier legten und keinen Schwanz hatten, und die Quetros, die Ohrbommel zeigten, einen normalen Schwanz hatten und bräunliche Eier legten. Dr. Bustros entwickelte aus diesen Hühnern die Araucana, die 1918 auf dem Welt-Geflügel-Kongress vorgestellt wurden. Wie die Vorfahren der Collonocas- und Quetros-Hühner nach Südamerika gelangten, ist leider ungewiss: Die beiden heißen Kandidaten sind die Spanier irgendwann im 16. Jahrhundert oder aber polynesische Seefahrer viele Jahrhunderte zuvor.[9]

Die bläuliche Eifarbe begründet sich im Pigment Biliverdin und geht bei den Haushühnern sehr wahrscheinlich auf ein endogenes Retrovirus und eine spontane Mutation zurück.[10]

---

9 https://www.araucana.net/history/

10 Wragg D, Mwacharo JM, Alcalde JA, Wang C, Han J-L, Gongora J, et al. (2013) Endogenous Retrovirus EAV-HP Linked to Blue Egg Phenotype in Mapuche Fowl. PLoS ONE 8(8): e71393. https://doi.org/10.1371/journal.pone.0071393

Araucana-Henne in Blau mit Bart. Ohne Ohrbommel. Bitte vergleichen mit der Henne zwei Bilder weiter.

Araucana-Hahn in Wildfarbig. Quelle: © lunamarina/Shutterstock.com.

Es sind lebhafte und neugierige Hühner; die Hennen sind leicht zu zähmen. Sie sind flugfaul. Der Hahn wiegt bis 2,5 kg, die Henne bis 2 kg. Die Legeleistung beträgt etwa 180 Eier zu 50 g mit bläulicher Eischale.

Die in Deutschland für Ausstellungen anerkannten Farbvarianten sind:

Wildfarbig (Hauptfarbschlag), Blau-Wildfarbig, Goldhalsig, Blau-Goldhalsig, Silberhalsig, Gold-Weizenfarbig, Blau-Weizenfarbig, Schwarz-Rot, Blau-Rot, Schwarz, Weiß, Blau, Gesperbert.

Mein Kommentar: Die Ohrbommel der Araucana werden gerne als Paradebeispiel für einen genetischen Lethalfaktor herangezogen. Das bedeutet, dass, wenn vom Vater und der Mutter zwei Ohrbommelgene im Küken aufeinandertreffen, es bereits im Ei absterben wird. Auch bei nur einfacher Ausprägung des Ohrbommelgens soll schon eine um 20 % erhöhte Sterblichkeit während der Brut auftreten können. Die Araucana gibt es in zwei Varianten: ganz ohne Ohrbommel und mit Ohrbommel. Damit der Lethalfaktor (= „ich bin todgeweiht") nicht aktiviert wird, kann man Tiere verpaaren, bei denen jeweils ein Geschlechtspartner keine Ohrbommel hat. In Chile werden die Ohrbommel als Ohrringe bezeichnet; sie sind ein Federanhängsel am Ohr. Ob dieses Merkmal, das sich über einen Lethalfaktor vererbt, tatsächlich für die Nachwelt erhalten und weiter gezüchtet werden sollte, kann offen diskutiert werden. Dabei sollte jedoch der normale Backenbart nicht mit den Ohrbommeln verwechselt werden.

Junge Araucana-Henne in Wildfarben mit Ohrbommeln. Bitte vergleichen mit der Henne zwei Bilder zuvor. Quelle: © sylv1rob1/Shutterstock.com.

Bielefelder Kennhühner

Gerd Roth züchtete in den 1970er Jahren diese Rasse aus Mechelnern, Amrocks, Welsumern, New Hampshire und Rhodeländern. Die Zuchtidee ist ein schnellwüchsiges, wetterhartes Zweinutzungshuhn mit einer überaus beachtlichen Legeleistung bei ansprechenden und relativ großen Eiern. Kennhuhn deshalb, weil man bereits am ersten Lebenstag der Küken an der Gefiederfarbe und Zeichnung eindeutig und treffsicher das Geschlecht erkennen kann: Die Hennen sind dunkler und haben einen dunklen Strich waagerecht hinter dem Auge. Die Hähne sind deutlich heller gefärbt, zeigen einen größeren hellen Bereich (Sperberfleck) im Nacken und haben keinen Strich hinter dem Auge.

Videotipp: Küken HAHN vs HENNE beim Bielefelder Kennhuhn treffsicher erkennen:

https://youtu.be/tzY4CeyHzmk

Die Bielefelder werden zuweilen als die Labradore unter den Hühnern bezeichnet: Sie fressen sehr gerne und mögen jeden. Man kann sie leicht zähmen und sie sind fast nicht aus der Ruhe zu bringen. Meine Bielefelder Hähne haben als Jungtiere sehr spät mit dem Krähen gestartet und später relativ wenig und (in meiner Wahrnehmung) angenehm gekräht. Sie sind flugfaul; ein niedriger Zaun reicht aus. Es gibt nur zwei Farbschläge: Kennsperber, Silber-Kennsperber.

Laut Standardbeschreibung ist kein Bruttrieb mehr vorhanden und sie legen 230 Eier zu circa 60 g im ersten Legejahr. Die Eier sind braun, zum Teil verziert mit dunkelbraunen Punkten. Die Hähne wiegen bis 4 kg, die Hennen bis 3,25 kg.

Mein Kommentar: Diese Rasse hat durch einen wohlplatzierten Marketingtrick zur hervorragenden Legeleistung große Aufmerksamkeit erhalten. In den BDRG-Zuchtbuchlisten werden von manchen engagierten Züchtern u. a. die Legeleistungsdaten ihrer Zuchtstämme

Ein Bielefelder-Kennhuhn-Hahn in Kennsperber. Leider ist die große Hauptsichelfeder nicht gesperbert, sondern weiß. Auch trägt er im Vergleich mit dem Idealtypus der Bielefelder den Schwanz zu steil. Auf einer Ausstellung würde er dafür vom Preisrichter weniger Punkte erhalten. Trotzdem aber ein prächtiger und stattlicher Hahn. Quelle: © Stefanie Haser/ Shutterstock.com.

Eine Bielefelder Henne in Kennsperber. Die Zeichnung gerade im Hals ist eine Augenweide. Eine Schwester von ihr schmückt daher sogar das Cover von diesem Buch.

Eier von Bielefelder Kennhühnern mit charakteristischen Punkten, die sich dadurch sogar einzelnen Hennen zuordnen lassen.

dokumentiert. In diesen Listen finden sich bislang kaum Bielefelder, die auch nur annähernd an die 230 Eier im Jahr herankommen. Die Mitglieder des Sondervereins der Bielefelder bestätigten es mir im Videointerview: Die für ein Rassehuhn enorme Legeleistung ist ein Ziel, eine Vision am Horizont, aber man ist noch lange nicht angekommen ...

Videotipp: Tierbesprechung Bielefelder Kennhühner auf der Hauptsonderschau.

https://youtu.be/2wQb_S1FaaI

Amrocks

Mitte des 19. Jahrhunderts entstanden in den USA aus Dominikanern, Cochin und Java die Barred Rocks (später: Plymouth Rocks) als Vorläuferrasse der Amrocks. Die Barred/Plymouth Rocks kamen als „Farm-Huhn" zur Unterstützung des Wiederaufbaus kurz nach dem Zweiten Weltkrieg nach Deutschland. Hier wurde die Sperberung zur Streifung

Gruppe 1,2 Amrocks-Hühner. 1,2 bedeutet ein Hahn und zwei Hennen. Quelle: © M. Schuppich/Shutterstock.com

weiterentwickelt und es entstanden die Amrocks. Es ist ein leistungsstarkes Zweinutzungshuhn: Vital, schnellwüchsig mit mehrjähriger hoher Legeleistung und ruhig im Wesen. Wie auch bei den gesperberten Rassen kann man bei den gestreiften noch besser schon am ersten Lebenstag der Küken das Geschlecht erkennen: Die Hennen sind dunkler, die Hähne deutlich heller und haben einen größeren hellen Fleck im Nacken. Die Hähne wiegen bis 4 kg, Hennen bis 3 kg. Legeleistung 220 Eier zu 58 g in Hellbraun. Der Bruttrieb ist gering.

Die Amrocks sind berühmt für ihren einzigen Farbschlag: Gestreift.

Mein Kommentar: Sicher eine Top-Wahl – Leistung und Schönheit. Es ist fast zwangsläufig, dass die Amrocks eine Ausgangsrasse der Bielefelder Kennhühner waren. Nur mag ich persönlich schwarzweiße Hühner nicht so gerne und habe lieber wenigstens auch ein wenig Rot mit dabei. Okay, der Einfachkamm ist rot und die Läufe sind gelb.

Welsumer

Die Ausgangstiere der Welsumer wurden 1916 in Holland gefunden: Landhühner, gekreuzt wahrscheinlich aus den Rassen Orpington, Lachshühnern, Dorking, Cochin, Wyandotten, Rhodeländern, Italiener und eventuell auch Kämpfer. Diese rotbraunen Hühner legten besonders große und dunkelbraune Eier mit Punkten. Das faszinierte und trieb die ersten Züchter der Welsumer an, daraus eine definierte Rasse zu erschaffen. Die Welsumer sind ein Zweinutzungshuhn, lebhaft und wetterhart. Die Hähne wiegen bis 3,5 kg, die Hennen bis 2,5 kg. Die Legeleistung wird mit 160 Eiern im ersten Legejahr angegeben. Die Eier sollen mindestens 65 g wiegen, es geht aber oft besonders bei älteren Hennen deutlich darüber hinaus. Der Bruttrieb ist gering.

Farbschläge: Rost-Rebhuhnfarbig (Hauptfarbschlag), Orangefarbig, Perlgrau-Orangefarbig, Silberfarbig.

Mein Kommentar: Bei den besonders großen Eiern wundert es nicht, dass die Legeleistung nicht auch noch besonders hoch sein kann. Große, schöne Eier machen ordentlich Eindruck. Es könnte

Gruppe 1,3 Welsumer in Rehuhnfarbig. Die Brust vom Hahn sollte im Idealtypus schwarz sein. Quelle: © Norman Krauss/Shutterstock.com.

dabei aber auch gesundheitliche Risiken für die Hennen beim Legeakt geben. Außerdem passen die übergroßen Eier nicht in normale Eierschachteln und können zerbrochen werden, wenn man versucht, die Packung zuzudrücken.

Zwerg-Welsumer

Die Welsumer wurden in Deutschland mit Einkreuzung von Zwerg-Rhodeländern und Zwerg-Italienern verzwergt. 1934 erstmals ausgestellt und dann 1947 im BDRG als Rasse anerkannt. Sie sind lebhaft, können gezähmt werden und auch einen niedrigen Zaun überfliegen. Glucken kommen selten vor.

Hahn 1,3 kg, Henne 1,1 kg. Eigewicht etwa 50 g (was für ein Zwerghuhn ein großes Ei ist). Eifarbe laut Standard: Dunkelbraun mit wenig Glanz. Die laut Rassestandard 180 Eier im ersten Legejahr sind bei den Zwerghuhnrassen der Höchstwert.

Zwerg-Welsumer in Orangefarbig.

Farbschläge: Rost-Rebhuhnfarbig, Blau-Rost-Rebhuhnfarbig, Orangefarbig, Silberfarbig.

Mein Kommentar: Die Eierschalenfarbe ist zwar ähnlich wie bei den großen Welsumern mit Dunkelbraun angegeben, in der Realität habe ich bislang nur hell-cremefarbene Eier von Zwerg-Welsumern gesehen. Das liegt sicher an den Rassen, die zur Verzwergung und Blutauffrischung genutzt wurden. Walter Ropter aus meinem Ortsverein Rassegeflügelzuchtverein Göttingen war damals zu seiner Zeit an der Herauszüchtung der Zwerg-Welsumer in Rost-Rebhuhnfarbig beteiligt. Ein heute über 55-Jähriger hat als Jungzüchter Walter Ropeter mal gefragt, wie er es geschafft habe, die Zwerg-Welsumer zu züchten. Walter antwortete: „Junge, du kannst mir glauben. In meinen Zwerg-Welsumern ist noch nie ein Welsumer drin gewesen." Das bedeutet, dass lediglich die äußerliche Form der Welsumer in kleiner Ausführung nachgebildet wurde und es somit deutliche Unterschiede im Wesen und der Eischalenfarbe geben kann.

Videotipp: Zwerg-Welsumer bei Edu

https://youtu.be/Z3NbbYjQWis?si=NLqTjm7diHLerAMk

Zwerge

Deutsche Zwerg-Wyandotte

Die entsprechende Großrasse wurde in Nordamerika als Zweinutzungshuhn mit stärkerem Fokus auf Fleisch gezüchtet und 1883 als Rasse anerkannt. Die ansprechende Form mit den vielen Rundungen begeisterte Anfang des 20. Jahrhunderts viele Züchter in Europa, vor allem in Deutschland, diese Tiere auch in einer Zwergform züchten zu wollen. Der Erfolg gibt ihnen recht: Die Deutschen Zwerg-Wyandotten sind die mit großem Abstand am meisten gezüchtete Hühnerrasse. Fast unzählige Farbenvarianten wurden bereits anerkannt. Es sind

Eine Gruppe 0,6 Deutsche Zwerg-Wyandotten bei Edu auf der Wiese. V. l. n. r.: Gelb, Gelb-Weißgesperbert, dreimal Silber-Schwarzgesäumt, Weiß.

Nichtflieger, die Hennen glucken allerdings sehr gerne, die Hähne krähen normalerweise selten. Sie sind einfach zu zähmen.

Sie legen etwa 160 cremefarbige Eier zu circa 40 g im Jahr. Hahn 1,6 kg, Henne 1,2 kg.

Zahlreiche Farbschläge:

Weiß, Schwarz, Gestreift, Rebhuhnfarbig-gebändert, Goldhalsig, Silberhalsig, Blau-Silberhalsig, Orangehalsig, Braun-gebändert, Silberfarbig-gebändert, Orangefarbig-gebändert, Silber-Schwarzgesäumt, Gelb-Schwarzgesäumt, Gold-Schwarzgesäumt, Gold-Blaugesäumt, Gold-Weißgesäumt, Blau, Gelb, Rot, Schwarz-Weißgescheckt, Lachsfarbig, Kennfarbig, Gelb-Weißgesperbert, Braun-Porzellanfarbig, Birkenfarbig, Weiß-Schwarz-Columbia, Gelb-Schwarz-Columbia, Weiß-Blau-Columbia, Gelb-Blau-Columbia.

Mein Kommentar: 2018 gibt der Bundeszuchtausschuss (BZA) des BDRG bekannt, dass die in Deutschland gezüchteten Zwerg-Wyandotten mittlerweile stärker von denen aus den USA, England

Gruppe 1,3 US-Typ Zwerg-Wyandotten in Gold-Schwarzgesäumt. Der Hahn ist der zweite von rechts. Bei dieser Rasse sieht man das erst sehr spät bei fast ausgereiften Tieren. Hier bei ihm erkennt man aber deutlich die spitzen Sattelbehang- und Sichelfedern im Schwanz. Außerdem ist er etwas größer als die Hennen. Quelle: © Ton Ponchai/Shutterstock.com.

und den Niederlanden abweichen. Der US-Typ ist kürzer im Körper; der Schwanzabschluss bildet, von hinten betrachtet, ein umgedrehtes V, das spitz nach oben zuläuft. Der deutsche Typ der Zwerg-Wyandotte ist im Körper etwas länger; der Schwanz ist von hinten betrachtet oben wunderbar rund, wie ein Dutt. Leider konnte man sich auf Europaebene nicht auf einen gemeinsam anzustrebenden Typus einigen und so wurden per Erlass in Deutschland alle „Zwerg-Wyandotten" zu „Deutschen Zwerg-Wyandotten". Wenig später bemerkte man, dass es in Deutschland nun keine „Zwerg-Wyandotten" mehr gab bzw. diese nicht mehr auf Ausstellungen zugelassen waren. 2024 gibt der Bundeszuchtausschuss bekannt, dass die Zwerg-Wyandotten mit spitzem Schwanzabschluss wieder anerkannt wurden: vorerst nur im Farbschlag Weiß. Eigentlich sollten Rassen nur anerkannt werden, wenn sie sich deutlich von bereits vorhandenen Rassen abheben. Da aber die Zwerg-Wyandotten in Europa bereits anerkannt sind, konnten sie in Deutschland nicht abgelehnt werden. Irgendwie lustig? Oder traurig?

Federfüßige Zwerghühner

Diese Urzwerge sind bereits im Jahre 60 n. Chr. in einem lateinischen Lehrbuch über Landwirtschaft belegt: Columella „De re rustica“ Pulmiliones. Später, ab dem 19. Jahrhundert wurden sie als „Mille Fleurs“ (‚tausend Blumen‘) mit dem Hauptfarbschlag Gold-Porzellanfarbig in Deutschland bekannt. Ein ganz besonderes Augenmerk ist das Hauptrassemerkmal: die stark befiederten Läufe und Zehen. Dies führt nicht selten zu fehlenden Krallen an den Außenzehen. Es handelt sich um eine Missbildung des Skelettsystems aufgrund der starken Zehenbefiederung. Dies bitte ggf. vor dem Kauf überprüfen und nicht kaufen und keinesfalls mit solchen Tieren Nachkommen züchten. Der Auslauf dieser Hühner sollte aus einer kurz gemähten Rasenfläche oder einer Voliere mit Sand bestehen. Man kann sich vorstellen, wie die befiederten Füße auf regennassem Lehmboden verklumpen würden. Die Federfüße sind sehr neugierig, die Hähne dadurch zum Teil sogar problematisch. Glucken kommen häufig vor.

Federfüßige Zwerghenne in Zitron-Porzellanfarbig, wunderschön für das Foto arrangiert. Quelle: © Ton Ponchai/Shutterstock.com.

Die stark befiederten Füße in der Nahaufnahme.

Die Federfüßigen Zwerghühner können sehr gut fliegen. Es gibt zwei Varianten: mit und ohne Bart.

Die Legeleistung im ersten Jahr beträgt 120 Eier zu 30 g in Weiß bis Bräunlich.

Der Hahn wiegt 750 g, die Henne 650 g.

Es gibt zahlreiche wunderschöne Farbschläge: Gold-Porzellanfarbig, Gold-Blauporzellanfarbig, Isabell-Porzellanfarbig, Zitron-Porzellanfarbig, Silber-Porzellanfarbig, Gelb mit weißen Tupfen, Rot mit weißen Tupfen, Schwarz mit weißen Tupfen, Perlgrau mit weißen Tupfen, Weiß, Schwarz, Blau-gesäumt, Perlgrau, Rot, Gelb, Gestreift, Kennfarbig, Goldhalsig, Blau-Goldhalsig, Silberhalsig, Orangehalsig, Rotgesattelt, Weiß-Schwarz-Columbia, Gelb-Schwarz-Columbia, Birkenfarbig, Orangebrüstig.

Meine Kommentar: Mit der massiven Fußbefiederung und den dadurch erhöhten Ansprüchen an Hygiene (Kalkbeinmilben), Stall und Auslauf kann ich diese Rasse leider nicht für Anfänger empfehlen.

Ein Pärchen Antwerpener Bartzwerge. Die Henne in Wachtelfarbig, der Hahn in Gelb-Schwarz-Columbia.

Antwerpener Bartzwerge

Die Antwerpener Bartzwerge wurden in der zweiten Hälfte des 19. Jahrhunderts in Belgien gezüchtet bzw. zu einer Urzwergrasse veredelt. Sie besitzen ein ruhiges Wesen, werden sehr zutraulich und können sehr gut fliegen. Glucken kommen oft vor. Der Hahn soll etwa 700 g, die Henne 600 g wiegen. Die Hennen legen 90 Eier im Jahr in Weiß bis Cremefarbig zu je 28 g.

Videotipp: Antwerpener Bartzwerge bei Saskia

https://youtu.be/_eVbnuANkms

Farbschläge: Schwarz, Weiß, Rot, Gelb, Perlgrau, Gesperbert, Blau-Gesäumt, Silber-Schwarzgesäumt, Wachtelfarbig, Blau-Wachtelfarbig, Silber-Wachtelfarbig, Perlgrau-Silberwachtelfarbig, Weiß-Schwarz-

Bartzwerg-Henne mit guter Sichtfreiheit.

Bartzwerg-Henne ohne Sichtfreiheit durch völlige Übertypisierung des Hauptrassemerkmals „Bart". Das Fotos ist von 2019, als diese Henne vom Preisrichter ein „Sehr gut, 93 Punkte" erhalten hat. Auf der aushängenden Bewertungskarte war weder im Abschnitt „Fehler" noch bei den „Wünschen" vermerkt, dass diese Henne in ihrer Sicht massiv eingeschränkt ist. Nach BDRG-Ausstellungsordnung und -Rassestandard soll so ein Tier keine Punkte für den Züchter bringen, damit so keine Preise gewonnen werden können. Nehmen alle Preisrichter ihre Lenkungswirkung zum Wohle der Tiere wahr, werden solche Tiere sehr schnell nicht mehr auf Ausstellungen (und auch der Zucht) zu sehen sein – sobald diesem Schlag Züchtern klar wird, dass man damit keinen Blumentopf mehr gewinnen kann.

Columbia, Gelb-Schwarz-Columbia, Gelb-Blau-Columbia, Goldhalsig, Blau-Goldhalsig, Orangehalsig, Silberhalsig, Rotgesattelt, Schwarz-Weißgescheckt, Perlgrau-Weißgescheckt, Gold-Porzellanfarbig, Isabell-Porzellanfarbig, Gelb mit weißen Tupfen.

Mein Kommentar: Die Bartzwerge sind ohne Zweifel liebenswerte Kobolde und ein 1A-Geheimtipp für Familien mit Kindern. Bitte schauen, ob die Bärte die Augen verdecken. Genau wie bei Haubenhühnern wurde dieses Hauptrassemerkmal zum Teil übertypisiert. Die Tiere sollen nach vorn und zur Seite freie Sicht haben. Ausgewachsene Federn darf man (genau wie unsere Fingernägel) bis kurz über der Haut mit einer Schere abschneiden, um ggf. die Sichtfreiheit herzustellen. Mit solchen Tieren keinenfalls Nachkommen züchten.

Zwerg-Barnevelder-Henne in Gold-Schwarz-Doppeltgesäumt.

Zwerg-Barnevelder

Diese Rasse wurde in den 1920er Jahren in Deutschland aus der Verpaarung von einer zierlichen Henne der großen Barnevelder mit einem Zwerg-Rhodeländer Hahn, Nachkommen davon wiederum verpaart mit Deutschen Zwerg-Langschan, Zwerg-Wyandotten und Indischen Zwerg-Kämpfern, vollzogen. Sie gelten als anspruchslos mit ruhigem Wesen. Der Hahn wiegt 1,2 kg, die Henne 1 kg. Die Legeleistung beträgt 150 Eier zu 40 g in Braun.

Farbschlägen: Braun-Schwarzdoppeltgesäumt, Braun-Blaudoppeltgesäumt, Silber-Schwarzdoppeltgesäumt, Dunkelbraun, Schwarz, Weiß, Kennfarbig, Blau.

Mein Kommentar: Der Hauptfarbschlag Braun-Schwarzdoppeltgesäumt sieht aus der Nähe wirklich beeindruckend schön aus. Im Auslauf hingegen, aus ein paar Metern Entfernung, erscheinen die Tiere eher dunkelbraun bzw. schwarz.

Chabo-Hahn in Schwarz-Gold mit gelockten Federn.

Chabo-Henne in Gelb mit schwarzem Schwanz.

Chabo

Sie wurden in Japan zu dem entwickelt, was sie heute darstellen. Eventuell haben sie ihren Ursprung vor über 400 Jahren in China oder Thailand. Sie haben einen guten Charakter und werden sehr schnell zahm. Glucken kommen vor. Der Hahn wiegt 700 g, die Henne 600 g. Die Legeleistung beträgt 80 Eier zu 28 g in Cremeweiß. Die Chabos gibt es auch in gelocktem und seidenfiedrigem Federkleid.

Mein Kommentar: Chabo sehen ohne Frage sehr niedlich aus, fast wie ein Pokémon. Die oft übergroßen Kämme und Kehllappen bei den Hähnen und die sehr kurzen Beine geben Diskussionsstoff bezüglich Tierschutzes. Hier sind vor allem der BDRG, die Preisrichter und der Sonderverein gefragt, damit die Züchter mit völlig übertypisierten Tieren keine Meistertitel mehr erhalten, sondern abgestraft werden. So kann eine Lenkungswirkung zum Wohle der Tiere stattfinden.

Bantam

Dabei handelt es sich um Urzwerge von der Insel Java, Südostasien. Sie sind ein Charakter-Zier-Huhn mit großen weißen Ohrscheiben und Rosenkamm. Sie können sehr gut fliegen, sind frech und können somit sehr schnell zahm werden, sodass sie dem Besitzer sogar auf die Schulter oder den Arm fliegen. Der Hahn wiegt 600 g, die Henne 500 g. Sie legen etwa 90 weiß-cremefarbige Eier zu 28 g. Farbschläge: Schwarz, Weiß, Gelb, Blau-gesäumt, Perlgrau, Gesperbert, Wildfarbig, Goldhalsig, Blau-Goldhalsig, Silberhalsig, Orangehalsig, Rotgesattelt, Weiß-Schwarz-Columbia, Gelb-Schwarz-Columbia, Birkenfarbig,

V. l. n. r.: Bantam-Hahn, Zwerg-Cochin-Henne, Bantam-Henne, alle in Gesperbert.

Schwarz-Weißgescheckt, Gold-Porzellanfarbig, Zitron-Porzellanfarbig, Gelb mit weißen Tupfen.

Mein Kommentar: Preisrichter Jonas sagt: „Nie wieder ohne Bantam leben!"

Videotipp: Bantam Tierbesprechung auf einer Ausstellung:

https://youtu.be/cs39BOAAPPI

Deutsche Reichshühner

Eines vorneweg: Das Deutsche Reichshuhn ist das Multi-Kulti-Huhn schlechthin, auch wenn der Name, zu dem wir uns gleich noch mal Gedanken machen, ganz anders vermuten lässt. Um das Jahr 1900 wollten Hühnerzüchter in Deutschland eine Hühnerrasse kreieren, die sich

Gruppe Deutsche Reichshühner in Rot.

ideal als Zweinutzungshuhn für die Umwelt- und Klimabedingungen in Deutschland eignet. Es sollte frühreif, wetterhart mit guter Legeleistung auch im Winter, mit zartem, weißem Fleisch sein, eine stolze Haltung zeigen, zutraulich sein und sich gut selbst im Auslauf Futter suchen. Diese Hühnerrasse ist also im Kaiserreich und nicht im nationalsozialistischen Dritten Reich entstanden. Unter den zahlreichen Ausgangsrassen finden wir keine (!) einzige deutsche Rasse: Orpington (England), Minorka (Spanien), Dorking (England), Brahma (USA/Indien), Wyandotten (USA), Mechelner (Belgien), Plymouth Rocks (USA), Dominikaner (Amerika), Rhodeländer (USA), Italiener (Italien).

Der Hahn wiegt bis 3,5 kg, die Henne 2,5 kg. Die Legeleistung beträgt 140 rahmgelbschalige Eier zu 55 g. Der Bruttrieb ist mäßig vorhanden.

Farbschläge: Weiß-Schwarz-Columbia, Gelb-Schwarz-Columbia, Birkenfarbig, Weiß, Schwarz, Rot, Gestreift, Silber-Schwarzgesäumt.

Mein Kommentar: Der Name dieser Hühner zieht leider unweigerlich Personen aus dem Spektrum Reichsbürger, Querdenker und Neonazis an. Ein Zuchtfreund aus meinem Ortsverein bekam seine bei Kleinanzeigen bestellten Bruteier im Paket in Hakenkreuzform angeordnet geliefert. Ich hatte selbst ein Jahr lang die Reichshühner, um sie zur Blutauffrischung für meine Nackthalshühner zu nutzen. Unter den Videos dazu musste ich mich oft mit Kommentaren rumschlagen, die in diese Richtung gingen: „Ist doch egal, wie die heißen, die Tiere können doch nichts dafür." Nein, die Tiere können nichts dafür, wohl aber die Entscheider im betreuenden Sonderverein, die mit einer minimalen Namensänderung zu „Deutsche Kaiserreichshühner" das Problem angehen könnten. Der Sonderverein rühmt sich allerdings auf der Homepage damit, dass es ihm zu verdanken ist, dass der Name nie geändert wurde. Er soll an die „gute alte Zeit" erinnern. Ich bedaure das sehr, da ich diese Hühner bei mir als wirklich wunderbare Tier erlebt habe. Wäre nicht dieser Name, hätten die Deutschen Reichhühner durchaus Potenzial, meine Lieblingsrasse zu sein ...

Paduaner Henne in Tollbunt. Von der Schnabelspitze aus gepeilt sollte man die Augen sehen können. Wie hier bei ungünstigen Lichtverhältnissen liegen die Augen durch die Haube „unsichtbar“ im Schatten. Bei dieser Henne vermute ich, dass die freie Sicht zumindest auf die Schnabelspitze (wichtig zum gezielten Picken) und auch zur Seite gegeben ist.

Paduaner

Diese Haubenhühner werden seit über 500 Jahren gezüchtet. Ihr tatsächlicher Ursprung liegt leider im Dunkeln. Man nimmt ein altes europäisches Landhuhn mit halber Haube an und/oder die Pawlowskaja-Hühner. Der Kamm und die Kehllappen sind nur rudimentär vorhanden und könnten ursprünglich eine Anpassung an zumindest zeitweise sehr kalte Lebensbedingungen gewesen sein. Die Paduaner sind neugierige und kecke Hühner, die somit zahm werden können. Ein exotischer Blickfang im Garten. Die Haubenhühner benötigen ein wenig zusätzliche Aufmerksamkeit durch den Halter. Falls Haubenfedern die Augen bedecken, sollten diese vorsichtig freigeschnitten werden. Bestimmte Milben gehen gerne in die Haube, daher sollte man diese extra kontrollieren. Werden die Hauben durch Regen oder eine Schale als Tränke nass, so können sie zur Seite kippen und ein Auge verdecken und reizen. Also eine Voliere nutzen oder die Tiere bei starkem Regen nicht nach draußen lassen. Manche Tiere suchen bei starkem Regen unter Bäumen Schutz, manchen scheint das aber auch vollkommen egal zu sein.

Die Paduaner sind flugfaul. Der Hahn wiegt bis 2,5 kg, die Henne 2 kg. Die Legeleistung beträgt 120 weiße Eier zu 48 g. Der Bruttrieb ist nur sehr gering.

Farbschläge: Silber-Schwarzgesäumt, Gold-Schwarzgesäumt, Chamois-Weißgesäumt, Schwarz, Weiß, Blau-Gesäumt, Gesperbert, Perlgrau, Tollbunt.

Mein Kommentar: Der Farbschlag Tollbunt ist für mich ein absolutes Highlight. Warum hatte ich bislang noch nie so ein Tier? Da ich jahrelang die mit den Paduanern verwandte französischen Rasse Crèvecoeur gezüchtet habe, bin ich Mitglied im Sonderverein für Haubenhühner und seltene Hühnerrassen. Dort werden – anders als in den meisten Sondervereinen – gleich mehrere Rassen betreut, unter anderem auch die Paduaner. Vielleicht frage ich da irgendwann mal nach.

Pärchen Nackthalshühner in Rot. Der nackte Hals soll so schön rot wie auch der Kamm, die Kehllappen und die Ohrscheiben sein. Das ist kein Sonnenbrand, wird aber genau wie beim Kamm und Kehllappen durch freien Auslauf im Sonnenlicht in der Färbung angeregt. Unter der Krawatte (die paar Federn am Hals vorne beim Hahn) ist der Hals daher etwas blasser.

Nackthalshühner

Die Nackthalshühner sind eine uralte Hühnerasse, die im 19. Jahrhundert in Transsylvanien „wiederentdeckt“ und dann verbreitet wurde. Sie sind nicht nur am Hals nackt, sondern haben auch unter dem Bauch federfreie Bereiche und am gesamten Körper weniger Federn als normale Hühner. Somit geht das Rupfen der Tiere – wenn man denn die überschüssigen Hähne selbst der Küche zuführen möchte – erheblich schneller. Die Nackthalshühner sind (sogar in der Wissenschaft) als besonders wetterhart, hitze- und krankheitsresistent beschrieben worden. Da sie ihren Ursprung in Transsylvanien haben, macht ihnen auch ein kalter Winter wenig aus. Schnellwüchsig, von angenehmem Temperament und dabei lebhaft sollen sie sein. Ein gutes Zweinutzungshuhn mit einer Legeleistung von 180 weißen bis gelblichen Eier zu 55 g. Der Bruttrieb ist gering, der Hahn wiegt bis 3 kg, die Henne bis 2,5 kg. Nackthalshühner gibt es in der Variante mit Einfachkamm und mit Rosenkamm. Die mit Rosenkamm sind in Deutschland beinahe ausgestorben.

Farbschläge: Schwarz, Weiß, Blau, Rot, Gelb, Gesperbert, Wildbraun, Schwarz-Weißgescheckt.

Mein Kommentar: Anders als viele finde ich die Nackthalshühner optisch irgendwie faszinierend. Bei den Nackthalshühnern mit Rosenkamm in Rot war nur noch eine einzige Zucht mit nur einem Hahn und vier Hennen für ganz Deutschland gemeldet (Zuchttierbestandserfassung 2021). Ich hatte die Chance, ein paar Bruteier zu bekommen. Also habe ich danach drei Jahre mitgeholfen, diese Rasse zu erhalten. Allerdings waren meine Tiere seltsam: Sie waren extrem scheu und hatten zum Teil auch Probleme mit den Atemwegen. Wie ich später in Erfahrung bringen konnte, wurden vormals in diese Linie durch gesundheitliche Probleme des Züchters (aus Versehen) eventuell Italiener oder sogar Hybridhühner eingekreuzt. Ich wollte mit diesen Tieren daher nicht weiter züchten und habe sie wieder abgegeben.

Seidenhühner in Weiß und Blau. Quelle: © Olga Salt/Shutterstock.com.

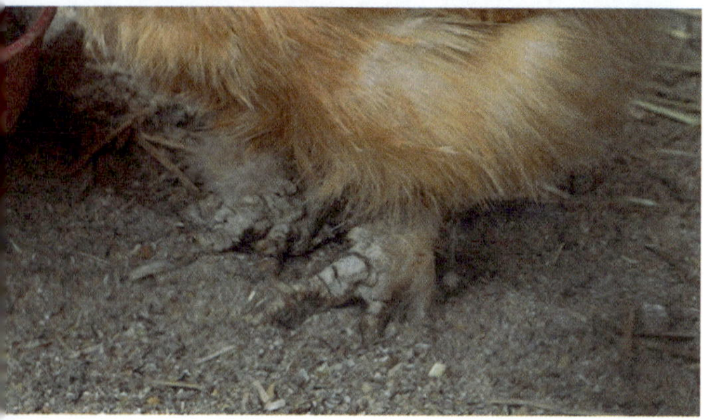

Nahaufnahme von Seidenhuhnbeinen mit fortgeschrittenen Kalkmilbenbeinen. Mehr zur einfachen Behandlung und Bekämpfung im Kapitel zur Gesundheit.

Seidenhühner

Schon Aristoteles und Marco Polo beschrieben Hühner mit „Katzenhaar“ aus China. Sie sind also eine der ältesten Hühnerrassen mit mehreren ganz besonderen Merkmalen: die Seidenfiedrigkeit der Federn, der Schopf, die schwarzbläuliche Haut, der wallnussartige Kamm und die zusätzliche fünfte Zehe (die sich oberhalb der hinteren Zehe befindet und nicht mit dieser verwachsen sein sollte). Diese Zierhühner haben ein ruhiges Wesen, sind sehr zutraulich, fluguntüchtig, brüten eifrig und zuverlässig und führen die Küken sorgsam. Fasane und anderes zartes Ziergeflügel lassen sich gut mit Seidenhühnern ausbrüten und aufziehen. Der Hahn wiegt bis 1,7 kg, die Henne bis 1,4 kg. Die Legeleistung beträgt etwa 80 Eier zu 40 g in Hellbraun. Es gibt sie jeweils mit und auch ohne Bart. Die Farbschläge: Weiß, Schwarz, Schokoladenbraun, Blau, Perlgrau, Splash, Gesperbert, Rot, Gelb, Wildfarbig, Silber-Wildfarbig, Weiß-Schwarzgefleckt.

Mein Kommentar: Seidenhühner möchte ich unbedingt selbst auch mal haben oder sogar züchten. Erinnerung dazu an mich: Sie benötigen im Stall eine niedrige Sitzstange oder eine Aufstiegshilfe, da sie nicht wie andere Rassen hoch fliegen können oder wollen. Da die Läufe an der Seite befiedert sind, trocknen sie schlechter ab. Wahrscheinlich dadurch kommt es bei Seidenhühnern häufiger als üblich zu einem Kalkmilbenbefall. Das bitte alle paar Monate kontrollieren und ggf. frühzeitig behandeln (siehe Kapitel „Gesunderhaltung und Krankenpflege“).

8. KAPITEL

Hühnerstall, Bauanleitung und Auslauf

Der Stall, den man mit der Schritt-für-Schritt-Anleitung bauen kann, ist ein transportierbarer Stall ohne Heizung, Fundament, Strom und Wasseranschluss, der nicht von Menschen begehbar ist. Er sollte daher überall auch ohne Bauanzeige möglich sein.

Dagegen stellen unbewegliche Ställe (Immobilien = unbeweglich) und Volieren meist eine bauliche Anlage dar und werden im Bauplanungsrecht geregelt. Im Föderalismus haben die Bundesländer unterschiedliche Regelungen. Wer also einen etwas größeren, vielleicht sogar gemauerten Hühnerstall plant, sollte sich vorab kurz beim

Solche und ähnlich kleine „Kleintierställe“ werden auch für Hühner angeboten. Der Stall hier ist an der Dachoberkante geschätzt nur 1 m hoch. Quelle: Beanykin/Shutterstock.com.

Bauamt über mögliche Einschränkungen und Formulare (z. B. den Passierschein A 38) erkundigen.

Im Landhandel werden oft kleine „Hasenställe“ auch als Hühnerställe angeboten. Das sind Häuschen, die kaum 60 cm lichte Höhe bieten und in eine niedrige Voliere integriert sind.

In diesen Ställen haben die Hühner keine Sitzstange, auf der sie artgerecht nachts ruhen könnten. Auch sind die Ställe mit weniger als 0,5 m² nutzbarer Innenfläche insgesamt sehr beengt. Ich kann mir gut vorstellen, dass diese Art Ställe als Quarantänestall oder als Gluckenstall zum Brüten und für die ersten Lebenswochen gut funktionieren können. Als Dauerlösung glaube ich jedoch nicht, dass Halter und Hühner lange Freude an so einem Stall haben werden. Diese kosten meist zwischen 150 und 300 Euro. Deutlich teurer, mit Preisen weit über 1.000 Euro, sind futuristisch anmutende Plastikställe, die zwar etwas mehr lichte Höhe und Platz bieten, aber dennoch nicht groß genug sind, damit die Hühner im Stall auf einer Sitzstange artgerecht zur Nacht ruhen könnten (bei Hühnern nennt man das „aufbäumen“). Außerdem gibt es in diesen Ställen keinen Bereich mit scharrfähigem Einstreu – die Hühner laufen komplett auf einem breitem Plastikgitter, damit man alles mit einem Hochdruckreiniger schnell abspritzen kann.

Diese Ställe sind bestimmt deutlich langlebiger als die „Kaninchenställe“, allerdings habe ich zum einen tierschutzrelevante Bedenken (kein Aufbäumen und kein Scharren im Stall möglich) und mir blutet das Herz, wenn ich überlege, was man mit dem vielen Geld und ein klein wenig handwerklichem Geschick und Zeitaufwand selber bauen könnte: zum Beispiel einen „Dinosauer-Hühnerstall“ für etwa 300 Euro Materialkosten.

Stallbauanleitung „Dinosauer“

In diesem fast 2 m² großen Stall finden bis zu maximal 10 normalgroße Hühner oder bis zu 14 Zwerg-Hühner ihr sicheres Zuhause.

Eine große Arbeitserleichterung an dieser Konstruktion sind die Kotwannen unter den Schlafstangen, die das tägliche Saubermachen eines Kotbrettes überflüssig machen. Ein Ausmisten der Kotwannen ist erst nach ein paar Monaten notwendig. Auch der Bischof Damian im Kloster Brenkhausen hat nun so einen Stall, der äußerlich aber noch mit einer Holzverkleidung aufgewertet wurde:

https://youtu.be/r5NswRZt25Y

Die Offenfrontkonstruktion sowie der durchdachte Stallaufbau mit sehr wenigen Ritzen reduziert die notwendigen Maßnahmen im Kampf gegen die lästige Rote Vogelmilbe deutlich. Flankierende Maßnahmen, z. B. Kieselgur feucht zu sprühen, werden aber spätestens im zweiten Hühnerjahr dennoch angesagt sein.

Durch die offenen Fensterdrähte sind die Hühner wie auch die Urhühner dauerhaft in einem angenehmen Frischluft-Außenklima, auch bei Nacht. Das ist genial im Hitzesommer. Man braucht auch keine Angst vor Frost im Winter zu haben. Da sich keine Feuchtigkeit im Stall staut (offene Fensterdrähte), ist die Gefahr für Erfrierungen an großen Kamm- und Kehllappen deutlich reduziert. Wer möchte, kann im Winter gerne die Fenster in der oberen Hälfte mit einer Plexiglasscheibe schließen. Die Eigenwärme der Hühner kann sich so im oberen Schlafbereich des Stalles sammeln. Ich rate hier dringend davon ab, Hühnerställe zu dämmen oder in einer Zwischenwand eine Wärmeisolation einzubringen. Diese Ställe machen im Sommer oft Probleme mit Schwitzwasser an den Wänden und die Zwischenschichten bieten ideale Nist- und Versteckmöglichkeiten für Milben, Mäuse und Ratten, die man im Isolationsmaterial in den Zwischenwänden ganz schlecht bekämpfen kann. Unsere Haushühnerrassen sind seit Jahrtausenden an unser Klima, auch im Winter, angepasst. Die Federn schützen ideal vor Kälte.

Der **Dinosauer Hühnerstall** wurde für die private Hühnerhaltung im Garten konzipiert. Etwa an einem Wochenendtag sollte der Bau

Meine beiden Prototyp-Dinosauer-Hühnerställe, die mittlerweile schon mehrere Jahre gute Dienste tun. Im Vordergrund das kleine Solarmodul für den Stromzaun gegen Füchse. Auf dem Dach vorn das kleine Solarmodul für den Akku der automatischen Hühnerklappe.

dieses Hühnerstalles, je nach handwerklichem Geschick, gut zu bewerkstelligen sein. Voraussetzung dafür ist allerdings, dass funktionsfähiges Werkzeug und das benötigte Material griffbereit liegen.

Vielleicht muss nicht alles an Material neu gekauft werden? Ich hatte z. B. noch Volierendraht, Gitter, schwarze Wannen, Scharniere und natürlich Schrauben rumliegen.

Werkzeugliste:

(Stich-)Säge
Akkuschrauber
Kneifzange
Tacker
Stift
Zollstock
Schmirgelpapier oder Feile

Materialliste (in Summe etwa 300–350 Euro):
Schrauben
6 × OSB-Platte 2050×625×12 mm
2 × OSB-Platte 2050×625×15 mm

~12 × Latte 200×30×50 mm
4 Verbindungswinkel
2 × Mörtelkasten 90 Liter
1–2 × Brett für den Kotkasten
6 × Scharnier
3 × Grendelriegel
(nur 2 × Riegel & 4 × Scharniere, wenn eine automatische Klappe verbaut wird)
Dach: 1 × OSB-Platte 2050×1250×9 mm + Dachpappe
ODER: Siebdruckplatte 150×250×12 cm (125 geht auch, ist aber knapp)
Sitzstange: 1 × Latte 2 m, gehobelt
1 × Drahtgitter als Kotdurchfallrost, z. B. Kompostsieb, Marderzaun (die Hühner sollten darauf laufen können)
Volierendraht für die Fenster; falls eine 5-m-Rolle Marderzaun gewählt wurde, ist noch genug Material auch für die Fenster vorhanden
Fundament und Sockel: nach belieben Holzposten, Baumstümpfe oder, wie im Foto zu sehen, 4 Trittplatten und 4 Gartenmauersteine

Das gesamte Baumaterial für den Stall passt ohne Probleme in den T4-Bulli.

Schritt 1: Für den Bau der Rückwand nehmen wir zwei von den dünneren OSB-Platten und **sägen die Federn** an der kurzen Seite und die Feder an der Längsseite der OSB-Platte, die nach oben kommt, **ab.**

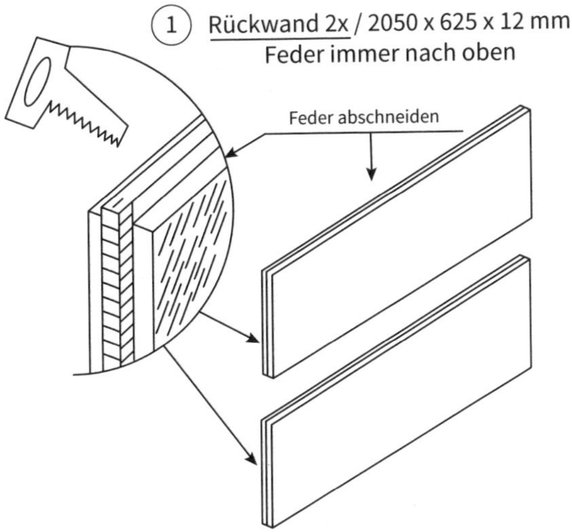

In **Schritt 2** längen wir zwei Latten ab und schrauben mit diesen die **Rückwand** zusammen.

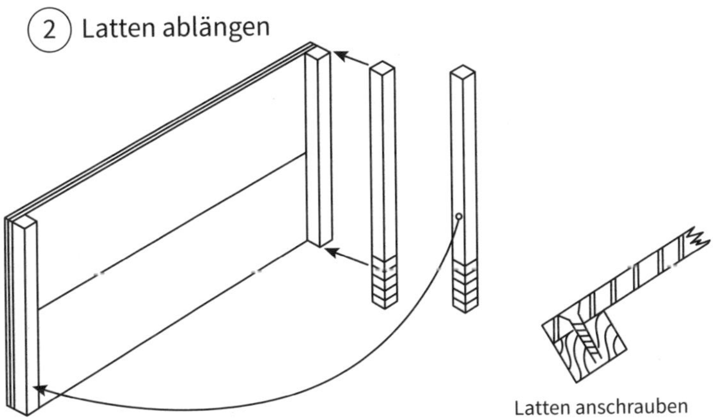

In Schritt 3 bauen wir die Frontwand. Dazu nehmen wir die zwei dickeren OSB-Platten und wiederholen die Schritte 1 und 2. In die Front werden wir die Fenster und das Ausschlupfloch schneiden. Daher nehmen wir hier die etwas dickeren OSB-Platten, um ausreichend Stabilität zu erhalten. Wer mag, darf auch den gesamten Stall mit dickeren OSB-Platten bauen.

Die Seitenwände erstellen wir in Schritt 4: Zwei dünne OSB-Platten werden in der Mitte geteilt. Anschließend können wir die Front-, Rück- und Seitenwände miteinander verbinden.

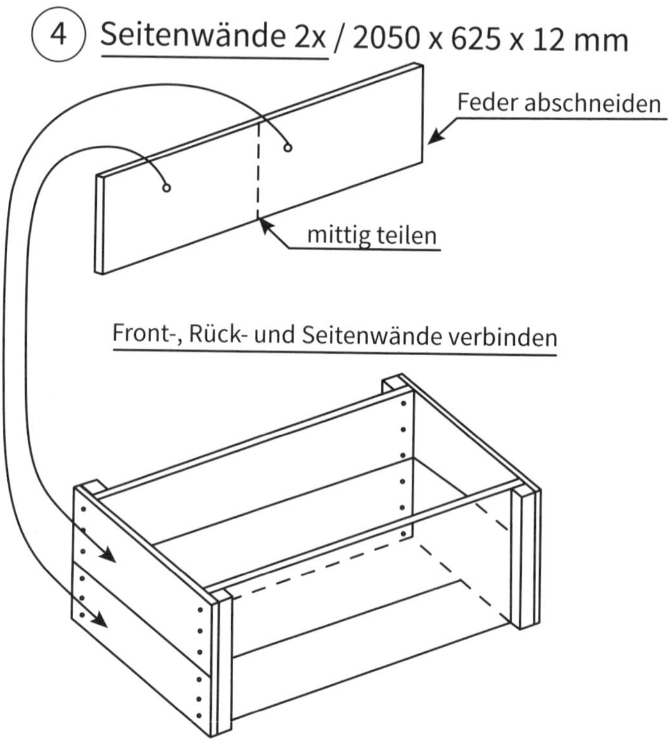

Schritt 5: Wir schrauben vier Latten an unseren Korpus. Die zwei Latten unten kommen an die Innenseite und werden später die Bodenplatte halten. Die zwei Latten oben kommen an die Außenseite, geben dem Korpus mehr Stabilität und werden später für das Dach benötigt.

(5) Korpus drehen und Latten aufschrauben
unten an Innen- und oben an Außenseite

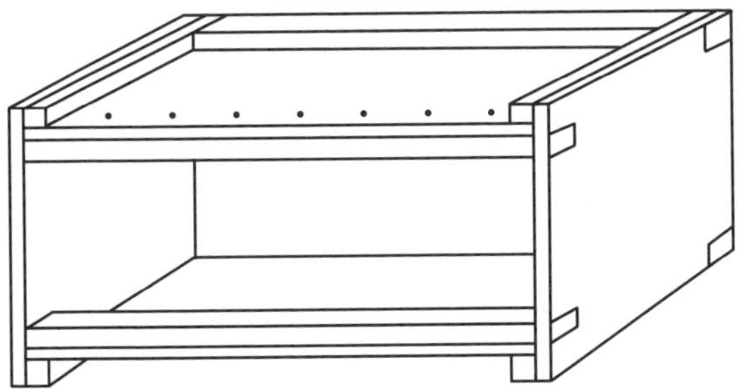

Schritt 6 ist die Vorbereitung von Schritt 7: Wir drehen den Korpus so, dass die Frontseite wie eine Tischplatte vor uns liegt. So lässt sich angenehm weiterarbeiten. **Wir zeichnen uns mit einem Stift die Fensteröffnungen, die Fensterrahmen und das Schlupfloch auf unsere Frontseite.**

In Skizze 6 sind die Maße angegeben, die ich empfehle. Die Fensteröffnung ist 44 cm breit, damit der 50 cm breite Volierendraht auf jeder Seite 3 cm übersteht. Das reicht aus, um den Draht festzutackern.

(6) Korpus erneut drehen, Front nach oben
Türen, Fenster und Schlupfloch

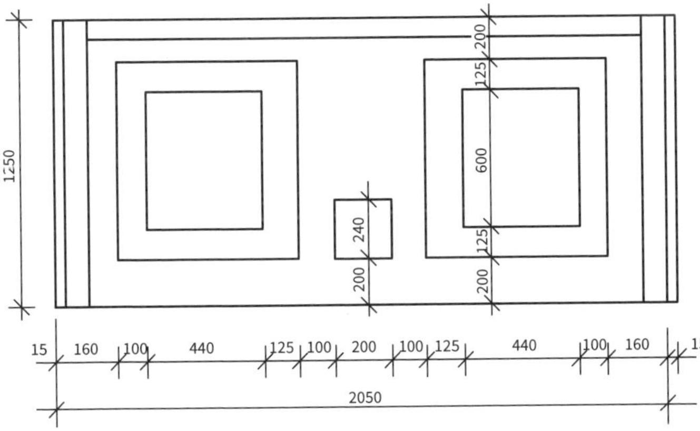

Schritt 7a, Option: Mein erster Prototyp hatte nur eine Frontwandstärke von 12 mm. Hier war es notwendig, die beiden OSB-Platten, in die nun große Löcher gesägt werden, mit zwei kurzen Verstärkungsleisten in der Mitte zu versteifen. Bei meinem zweiten Prototyp mit 15 mm Frontwandstärke konnte ich diese weglassen. Bitte entscheidet nach eigenem Ermessen. Optisch schöner sitzen die Verstärkungen innen. Außen ist genauso in Ordnung und erleichtert ein klein wenig die Bekämpfung einer drohenden Rote-Vogelmilben-Plage.

Schritt 7a: Die Fensteröffnungen ausschneiden. Dazu bohrt man mit einem Holzbohrer an den Ecken zwei Bohrlöcher und sägt von dort aus mit der Stichsäge.

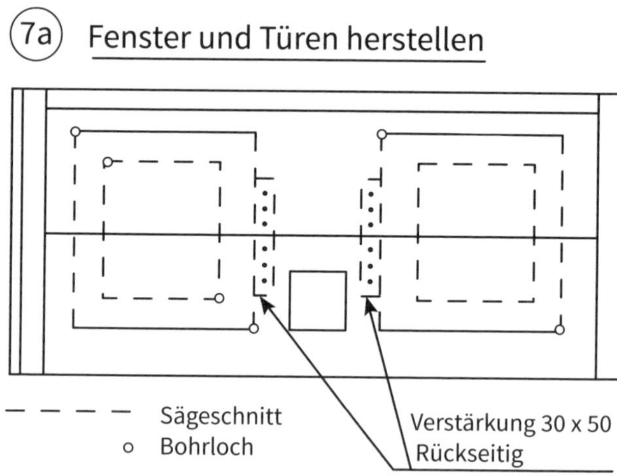

Schritt 7b: Den Draht auf den Fensteröffnungen aufbringen, festtackern und den Rest abknipsen. Durch die „offenen" Fenster fällt unser Stall in die Kategorie Offen-Front-Stall. Diese zeichnen sich durch ein exzellentes Stallklima für die Hühner, viel Lüftung und viel Licht aus. Oft sind nämlich feuchte und zum Teil ammoniaklastige Luft in geschlossenen Ställen die Ursache für einen schlechten Gesundheitszustand der Hühner.

Falls jedoch ein zu früher und lauter Krähruf aus dem Stall stören würde, könnten in die Fenster z. B. auch Plexiglasscheiben anstatt

Draht eingebaut werden. Als Entlüftung sind dann in Dachnähe an den Seiten noch Lüftungsöffnungen einzuarbeiten. Die Zuluft erfolgt in diesem Fall über den Kotbunker, der dann nicht komplett bündig anzuschließen ist.

Jeweils die ersten zwei **(nur zwei, nicht alle vier!)** Schnitte für den Rahmen der Fenster sägen. **Dies ist ein Trick** für Schritt 7c, damit die Fenster richtig gut und exakt auf und zu gehen.

(7b) Maschendraht aufbringen

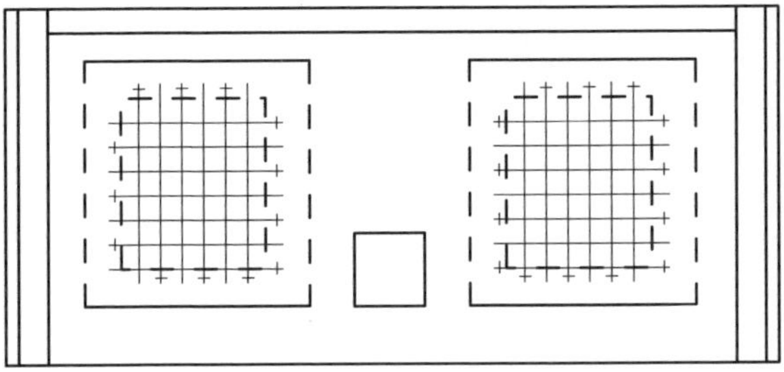

Schritt 7c: Über die soeben in 7b geschnittenen Schlitze **schrauben wir die Scharniere und Riegel.** Dank dieses Tricks brauchen wir uns keine Sorgen zu machen, ob unsere Fenster auch wirklich in ihre Öffnungen passen werden. Wir sägen nun jeweils die letzten zwei Schnitte für die Fensterrahmen. Die Fenster können wir nun erstmals öffnen und die rauen Sägekanten mit Schmirgelpapier und/oder Feile glätten.

(7c) Beschläge anbringen, danach Rest des Türrahmens ausschneiden

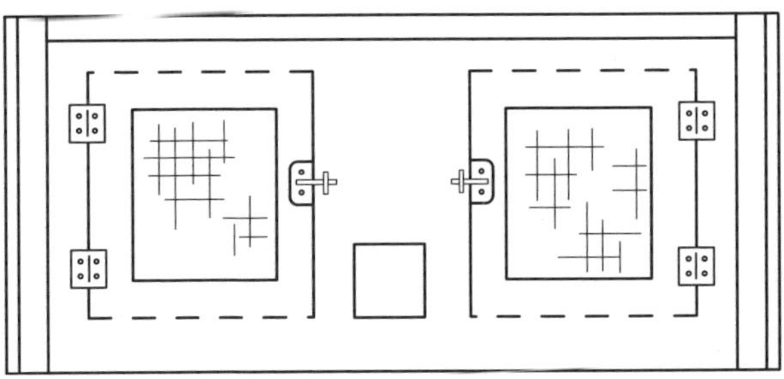

Schritt 7d: Nun längen wir Latten ab und schrauben sie auf die Enden des Drahtes. Das gibt mehr Sicherheit und sieht gut aus.

Detailansicht, wie ich den Draht für die Fenster zuerst festgetackert und dann noch eine Leiste darüber angeschraubt habe.

Die Latten innen lassen wir etwas länger, damit die Fenster von Raubtieren nachts nicht nach innen eingedrückt werden können. Anschließend sägen wir das Schlupfloch aus. Je nachdem, ob eine Handklappe oder eine automatische Klappe installiert werden soll, kann hier wie bei den Fenstern vorgegangen werden oder nur das Loch für

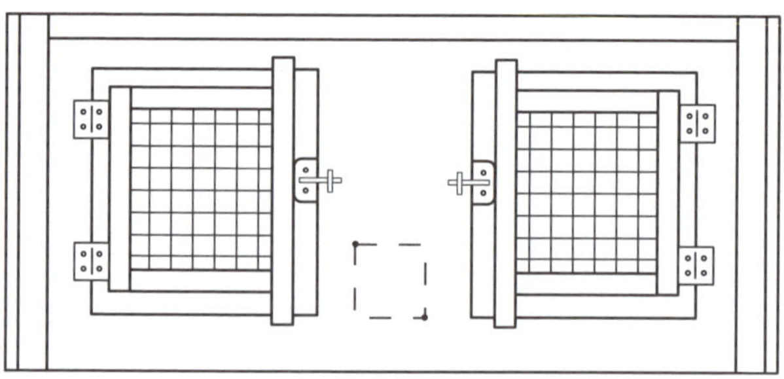

die automatische Klappe gesägt werden. Meine Crèvecoeur, Marans und Bielefelder (alles große Hühnerrassen) passen problemlos durch das 20 cm breite und 24 cm hohe Schlupfloch.

Schritt 8: Wir drehen den Korpus in seine spätere Endlage und können durch die geöffneten Fenster und das noch offene Dach weiter am Fußboden arbeiten. Leider sind die OSB-Platten nur 62,5 cm breit – somit fehlen uns rechts und links circa 12 cm für die Bodenplatten. Will man hier nicht mit einem kleinen Streifen anarbeiten, kann man auch eine teurere (aber auch beständigere) Siebdruckplatte als Boden verwenden und sich diese direkt im Baumarkt auf das entsprechende Maß (bitte selbst noch mal nachmessen!) zuschneiden lassen.

(8) Kotkasten und Fußboden

Aus 2x / 625 x 935 x 15 mm; 4x / 12 x 935 x 20 mm; 2x / 12 x 59 x 20 mm plus stabiler Maschendraht

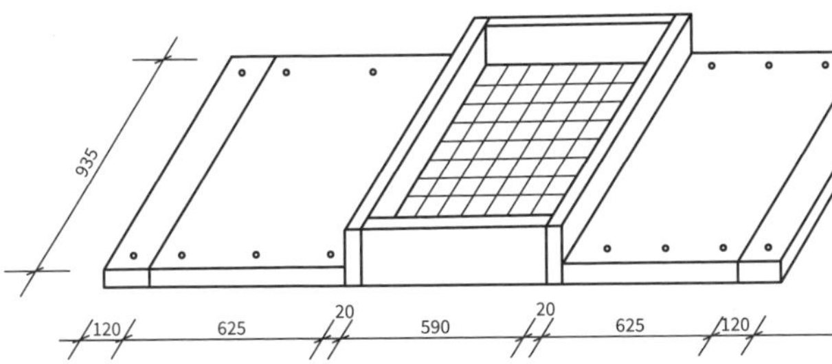

Kotkasten abnehmbar

In der Mitte des Stalls wollen wir unter den Sitzstangen einen Kotkasten bauen, durch den der Nachtkot unserer Hühner in die Kotwannen fällt. Gehen die Hühner tagsüber in den Auslauf, so minimiert dies die wiederkehrende Mist-Arbeit mit dem Dinosauer-Stall enorm. Von Mai bis Dezember habe ich die Ställe tatsächlich nur zwei Mal ausmisten müssen.

In meinen Prototypen sind die Kotdurchfallgitter fest verschraubt. Man könnte diese auch herausnehmbar auf einem Rahmen aus vier Brettern gestalten. Das seltene Saubermachen der Gitter wäre dadurch einfacher, allerdings könnte man dann befürchten, dass ein Waschbär die Wannen herausziehen und die Rahmen hochdrücken könnte, um in den Stall zu gelangen.

Das Gitter befestigt man (z. B. mit Latten) von unten an dem Kotkasten. Der Kasten hat 10 cm hohe Begrenzungsbretter, damit die Einstreu im Stall von den Hühnern nicht schon nach wenigen Tagen in den Kotkasten gescharrt wird.

Will man nur maximal fünf große oder sieben Zwerg-Hühner in dem Stall halten, so genügt eine Sitzstange in der Mitte des Stalls. Ein 50 cm breiter Kotkasten wäre somit völlig ausreichend. Will man den Stall mit bis zu zehn großen Hühnern besetzen, benötigt man zwei Sitzstangen als Schlafplätze für die Nacht. Der Kotkasten ist mit 60 cm Breite knapp ausreichend, wenn die Sitzstangen in der Höhe versetzt und mit einem Versatz von nur 15 cm zueinander angebracht werden. So haben bei mir schon zwölf fast ausgewachsene Junghähne im Sommer, versetzt zueinander gekuschelt, noch ausreichend Platz gefunden und der Kot landete wenige Zentimeter entfernt von der Kotbunkerkante im Durchfallgitter. Den Kotbunker breiter zu gestalten ist eine Überlegung wert, allerdings würden wir so Stallfläche rechts und links verlieren. Dort benötigen wir etwas Platz für die Tränke, das Futter und ein oder zwei Legenester. Mein erster Prototyp hat einen 70 cm breiten Kotbunker, mein zweiter einen 60 cm breiten, der auch ausreicht.

Zwei Sitzstangen von oben betrachtet, in der Höhe etwas versetzt zueinander angebracht.

Ein junger Marans-Hahn im Sommer im Stall auf der oberen von zwei versetzten Sitzstangen. Der Crèvecoeur-Junghahn dahinter steht auf der etwas tiefer angebrachten Sitzstange. Oft wird empfohlen, Sitzstangen ausschließlich auf derselben Höhe anzubieten. Bei erfahrenen Züchtern sieht man aber auch höhenversetzte Sitzstangen. Wurde zwischen den Hühnern die soziale Ordnung „vereinbart", ist sich jedes Huhn seiner Stellung bewusst und wird problemlos auf seiner Stange schlafen. Übrigens: Der Marans-Hahn zeigt deutlich eine Doppel-(M-)Zacke und goldene Federn in der Brust. Beides sind BDRG-Standard-Fehler und mindern seinen Zuchtwert deutlich.

Zwischenschritt 8,5: Jetzt sollten wir die eine zentrale oder die zwei versetzten **Sitzstangen in der Mitte des Stalls anbringen**. Auf der Ansichtsskizze ist eingezeichnet, wie ich in meinem Prototyp-II-Stall die Sitzstangen direkt über dem Ausschlupfloch angebracht habe.

In die Halterung der Sitzstangen kann man eine Milbenfalle einbauen, die man z. B. mit Speiseöl oder Kieselgurpulver füllt. Anders als im Video vorgestellt, wäre es besser, Muffinförmchen aus Silikon als Behälter zu benutzen. Diese lassen sich einfach umbiegen und reinigen.

Eines meiner meistgeschauten YouTube-Videos ist „Hühner Anti-Milben Sitzstange selber bauen":

https://youtu.be/KLalfa0Saao

9 Ansicht

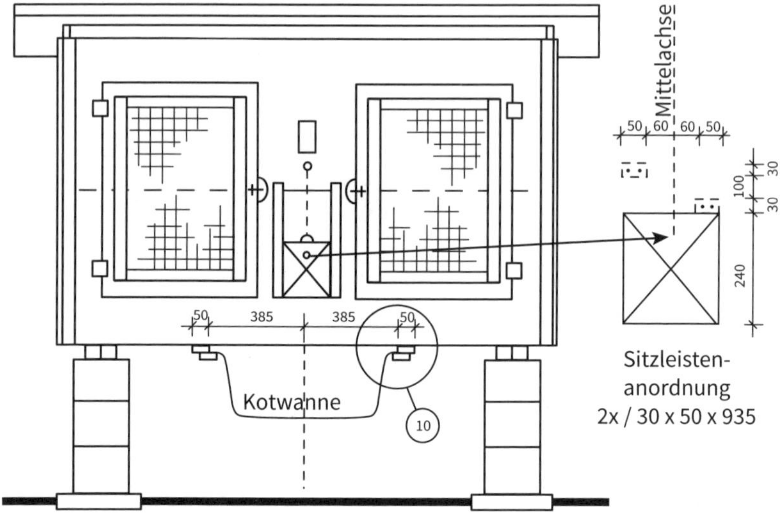

Ohne Dach ist der Stall noch etwas leichter. Wir sollten ihn daher jetzt an seinem Bestimmungsort aufstellen. Zusammen mit meinem erstgeborenen Sohn (damals 15 Jahre alt) konnte ich die Prototypen ohne Dach zu zweit noch recht gut in den Bulli laden und bei Edu auf der von mir gepachteten Wiese aufstellen.

Der Stallboden sollte sich etwa 70–80 cm über dem Boden befinden. Folgende Vorteile können die Hühner und Halter dadurch für sich verbuchen: Es ist für Menschen eine angenehme Höhe, um Futter und Wasser aufzufüllen und die Eier zu sammeln. Entnimmt man den Kotkasten für das gelegentliche Ausmisten, kann man die dreckige Einstreu einfach in die Kotwannen schieben. Unter dem Stall ist ein geschützter und überdachter Platz für unsere Hühner; hier findet idealerweise das Staubbad seinen Platz. Die Höhe macht es Schadnagern unmöglich, sich zwischen Stallboden und Erdreich einzunisten – was bei Ställen, die bodennah beginnen, mit der Zeit ein großes Problem darstellen kann. Weg vom Boden beutet auch weg von der Feuchtigkeit im Winter und bei anhaltendem Regen.

An der Halterung der Sitzstange kann man eine Milbenfallen einbauen, in der Milben auf dem Weg zum Huhn in z. B. Speiseöl ertrinken. Nimmt man Muffinförmchen und nicht wie ich feste Stuhlbeinkappen, kann man diese auch relativ einfach sauber machen und neu befüllen.

Rasenstein mit nur einer Latte in der Mitte.

Rasenstein mit zwei Latten auf den Steinschultern: So wird das Gewicht vom Stall besser verteilt.

Als Unterbau sind viele Varianten denkbar: Holzpfosten, Holzstümpfe, geschichtete große Natursteine oder Mauersteine. Ich habe mich für günstige Gartenmauersteine entschieden, die ich hochkant aufgestellt habe. Mein beratender Architekt (und Vater) ist der Überzeugung, diese Steine könnten bei nur einer Latte in der Mitte durch den Druck von oben eventuell brechen. Legt man hingegen zwei 1-m-Latten auf die Schultern der Steine, besteht diese Gefahr nicht.

Schritt 9: Dachschräge vorbereiten und Dach aufsetzen. An den beiden Seitenwänden setzen wir innen eine Latte an, die hinten bündig mit dem Korpus abschließt und an der Frontseite oben auf der Querlatte aufliegt.

Dadurch entsteht ein Gefälle von 5 %, was Regen problemlos nach hinten abfließen lässt. Auf die bereits oben an der Frontseite vorhandene Querlatte schrauben wir eine weitere Latte auf. Für meine zwei Prototypen habe ich als Dach eine große 2500 × 1250 × 9 mm OSB-Platte benutzt, Bitumen-Dachbahnen aufgelegt und mit Latten fixiert. Etwas einfacher (aber auch etwas teurer) ist eine Siebdruckplatte 2500 × 1500 × 12 mm als Dach. Diese Platten werden z. B. auch als Böden in Kfz-Anhängern genutzt und sind sehr wetterbeständig. 150 cm breite Platten sind eventuell schwierig zu bekommen, eine 125 cm breite Platte reicht auch knapp aus. Schräg fallender Regen,

Schraubt man eine Latte so in den Stall, ergibt sich für das Dach schon ausreichend Gefälle, damit das Regenwasser zuverlässig nach hinten abläuft.

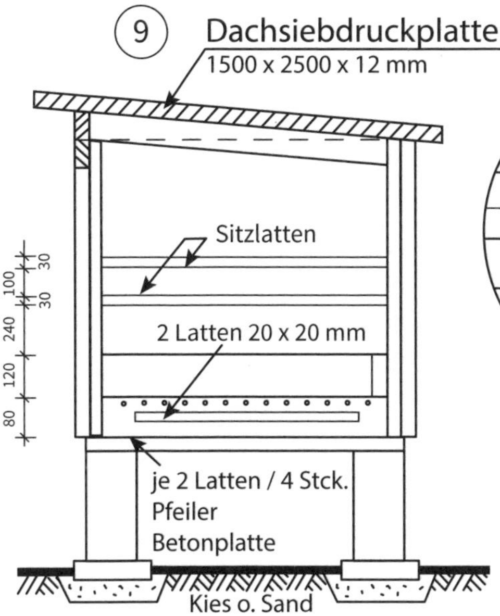

Querschnitt

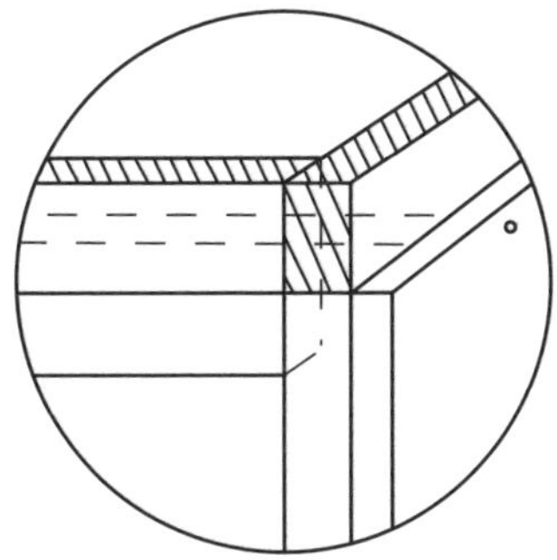

Ecke Gefällleisten
2x / 30 x 50 x 116 mm seitl.
1x / 30 x 50x 199 mm vorne

der den Stall im unteren Bereich treffen wird, trocknet schnell wieder ab. Dennoch wäre ein etwas geschützter Aufstellort für den Stall auch für die Hühner empfehlenswert. Eventuell gibt es schon einen Baum, der Schatten spendet und Schutz vor eventuellen Luftangriffen in Stallnähe bietet.

Als schnellwachsende Bäume zur Neupflanzung bieten sich Holunder oder Haselnuss an. Diese werden auch nicht so hoch wie z. B. ein ebenfalls zügig wachsender Walnussbaum, der wiederum mit seinem Laub ein ektoparasitenvergämendes Scharrmaterial liefern würde (plus Nüsse).

Das Dach wird von oben mit dem Korpus verschraubt. Nimmt man Spenglerschrauben mit Dichtscheibe, schenkt man dem Dach ein paar zusätzliche Lebensjahre.

Schritt 10: Die Halterung für die Kotwannen zurechtsägen und anschrauben.

Die schwarzen Mörtelwannen sind je nach Hersteller und Serie in den Abmessungen leicht unterschiedlich. Daher bitte selbst ausmessen und anhand des Fotos und der Skizze 10 die Halterungen anbringen. Da ich einen fest verbauten Kotdurchfallkasten habe, ist keine Sicherung für ein eventuelles Herausziehen der Wannen durch Waschbären notwendig. Wurde ein herausnehmbarer Kotdurchfallkasten konstruiert, darf das untere Brett, auf dem der Rand der Wannen aufliegt, nach vorn und hinten etwa 5 cm herausstehen.

Dort kann, wie in Skizze 10 gezeigt, ein Stift (4×) ein unerwünschtes Bewegen der Wannen verhindern und dadurch ein räuberisches Eindringen durch Hochdrücken des Kotdurchfallkastens vermeiden.

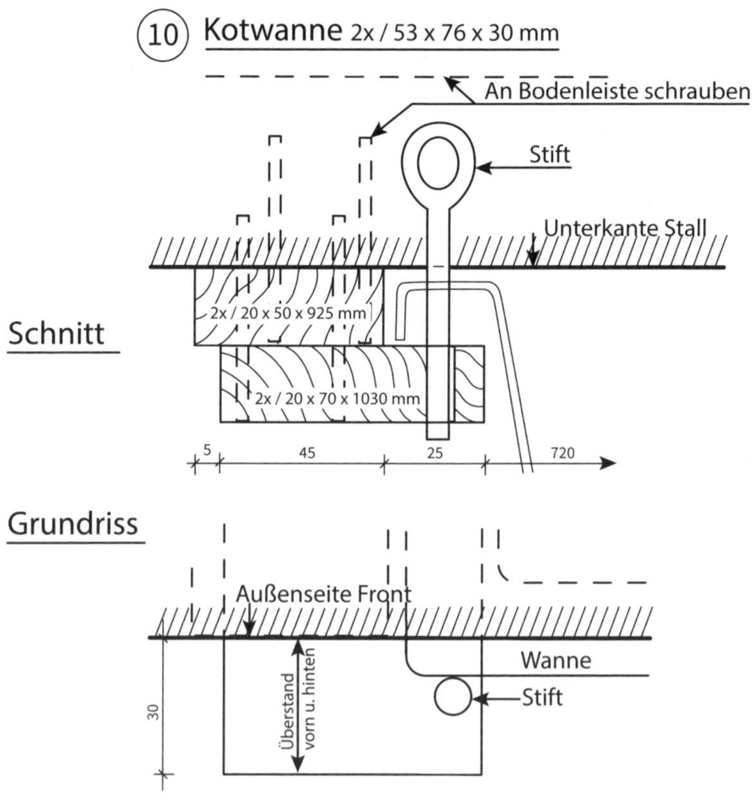

Eine geschlossene Voliere bietet Sicherheit gegen Raubtiere und so können die Hühner auch bei einer eventuellen Stallpflicht wegen Geflügelpest an die frische Luft. Quelle: © Cristian osmar aprile/Shutterstock.com.

Vor dem Schlupfloch sollte nun noch eine Hühnerleiter, ein Hühnertritt oder eine Treppe aus Holz oder Steinen platziert werden.

Die Tränke und den Futterbehälter kann man auf passende leichte Porenbetonsteine im Stall platzieren, damit sie erhöht stehen und nicht mit Einstreu verdreckt werden. Als Nest kann man in eine Ecke z. B. eine mit Heu ausgelegte Holzkiste stellen und ein Fake-Ei hineinlegen. Man könnte sogar von außen noch einen kleinen flachen Nestbereich an den Stall anbauen, den man von außen öffnen kann. Sehr einfache Nestvarianten sind Eimer, in die man unten einen Ziegelstein legt, darüber Einstreu und etwas Heu.

Herzlichen Glückwunsch! Fertig ist der selbst gebaute Hühnerstall.

Volieren werden zum Teil auch als Kaltscharrräume bezeichnet. Das sind dem Stall vorgeschaltete, in alle Richtungen mit Draht eingezäunte Räume, aus denen auch fluggewandte Tiere nicht entkommen können. Gleichzeitig kann auch kein Raubtier eindringen. Die gehaltenen Tiere sind dort an der frischen Luft und in Sicherheit,

Ein Hühnerauslauf mit einer alten bepflanzten Schubkarre. Quelle: © Tunneldunker/Shutterstock.com.

haben allerdings nicht den Platz zur Verfügung, den ein Auslauf bieten würde. Volieren kann man mit Sand oder auch mit Rindenmulch einstreuen. Der gewachsene Naturboden wäre schnell verdichtet und ein Gemisch aus Kot und Boden. Eine Voliere, die man nach oben vor Regen abdichtet, bietet einen großen Vorteil: Falls es vor Ort Fälle von Geflügelpest gibt, könnte das Veterinäramt eine Stallpflicht (Hühner dürfen nicht mehr ins Freie, quasi „Einsperrpflicht") auch für private Hühnerhaltungen anordnen. Hat man zwischen dem Stall und dem Auslauf eine Voliere, so können die Hühner wenigstens noch an die frische Luft in die Sonne und haben deutlich mehr Platz, als wenn sie für viele Woche im Stall eingesperrt werden müssten.

Der **Auslauf** sollte abwechslungsreich strukturiert sein. Also das Gegenteil von einer monotonen, kurz gemähten offenen Rasenfläche. Hecken, Sträucher und Bäume bieten sich an. Auch einfache Holzkonstruktionen, auf denen sich die Hühner etwas erhöht im Auslauf aufbäumen können, oder Deko-Elemente wie ein ungenutztes altes Fahrrad dürfen im Hühnerauslauf platziert werden. Ein flacher großer Komposthaufen bietet sich im Hühnerauslauf an. Hier kann man das Herbstlaub von den Bäumen, die Unkräuter aus dem Gemüsebeet und die zum Teil großen Mengen an alter Einstreu aus dem Stall deponieren. Die Hühner helfen beim Zerkleinern und Aufarbeiten der Kompostmiete. Das könnte durchaus der Lieblingsplatz einer Clique Hühner werden.

Weiter benötigen die Hühner für ihr Wohlbefinden und die Körperpflege ein Sandbad: Oft legen sich die Hühner ihr Sandbad selbst an einer geeigneten trockenen Stelle an. Man kann ihnen aber auch etwas bauen (z. B. einfacher Sandkastenbausatz aus dem Baumarkt). Ein kleines Dach hält das Staubbad trocken. Das Staubbad darf mit aufgelockertem Boden, Sand, Asche, Gesteinsmehl und Grit befüllt werden.

Wenn im Auslauf auch bei Dauernutzung noch etwas grüne Grasnarbe sichtbar bleiben soll, sind mindestens 3 qm pro Zwerghuhn und 10 qm pro normal großem Huhn angeraten. Mehr ist immer besser. Hühner mit befiederten Läufen und Zehen wird nachgesagt, dass sie

Nach dem Staubbaden lassen die Hühner das ganze Material noch einen Moment lang im Gefieder und sehen dabei sehr räudig aus. Plötzlich schütteln sie sich in einer Staubwolke wie ein Hund, der sich nach dem Wasserbaden trocken schüttelt. Quelle: McAdams/Shutterstock.com.

Gruppe junger Marans-Hühner in Schwarz-Kupfer beim gemeinsamen Sonnenbaden. Oben rechts und links in der Mitte zwei Hähne, Rest Hennen. Obwohl sie zusammen mit anderen Rassen bei mir geschlüpft und zusammen im Stall groß geworden sind, hat sich die Gruppe Marans immer gerne zusammen abgesondert.

weniger Scharren als Hühner mit nackten Läufen. Hühnerrassen, die als emsige Futtersucher bezeichnet werden, scharren sehr viel. Bei mir im Auslauf werden folgende Pflanzen von den Hühnern in Ruhe gelassen: Efeu, Rhododendron, Buchsbaum, Ramblerrose.

Es ist nicht notwendig, im Auslauf weitere Futterautomaten oder Wassertränken zu platzieren. Wenn die Hühner wissen, dass es im Stall Futter und Wasser gibt, werden sie selbstständig nach Bedarf und Belieben kurz aus dem Auslauf in den Stall gehen, um zu fressen und zu trinken. Die Biosicherheitsmaßnahmen gegen die Geflügelpest untersagen uns genau genommen sogar, im Auslauf dauerhaft Wasser und/oder Futter anzubieten. Es würden so auch Wildvögel von diesem Angebot Gebrauch machen können und das Risiko für ein mögliches Einschleppen des gefährlichen Influenza-Virus und auch anderer Krankheiten wäre erhöht. Ebenso würden Mäuse und Ratten schnell lernen, dass es dort ein kostenloses Angebot auch für sie gibt. Füttert man Essensreste und die Küchenhühnerschale, ist auch darauf zu achten, dass die Hühner diese Menge zügig auffressen können. Sollte abends noch etwas Essbares im Auslauf liegen bleiben, werden schnell Waschbären und Ratten regelmäßig vorbeischauen.

9. KAPITEL

Küken ausbrüten als Anfänger: ja, nein, vielleicht?

Selbst Küken auszubrüten und großzuziehen ist ein wunderbares Erlebnis. Allerdings übernimmt man hier noch weit mehr Verantwortung für völlig hilflose Lebewesen als bei bereits ausgewachsenen Hühnern. Einem gewissenhaften Hühneranfänger, der sich gut über die Brut und Aufzucht von Küken informiert und vorbereitet hat, traue ich das Unterfangen durchaus zu. Es wird jedoch mit hoher Wahrscheinlichkeit zu Verlusten kommen. Es ist leider „die normale Natur" (und ein steter Evolutionstreiber?), dass auch bei erfahrenen

Ein Crèvecoeur-Küken, noch keine 24 Stunden alt, mit seiner aufgebrochenen Eierschale im Hintergrund.

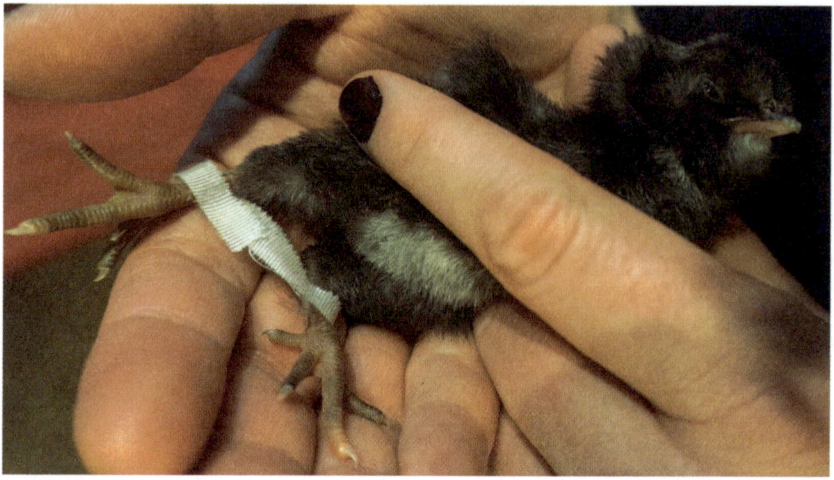

Ein Spreizbeinküken, dessen Beine unter dem Köper auseinandergedriftet sind, sodass es nicht laufen konnte. Tapet man, wie auf dem Foto zu sehen, die Beine möglichst frühzeitig zusammen, so sind die Heilungschancen sehr hoch. Als Ursache kommt vor allem eine genetische Veranlagung (Inzuchtdepression) und/oder eine minimal zu hohe Temperatur während der Brut infrage. Mit diesen Tieren daher bitte nicht weiter züchten. Und die Bruttemperatur mit einem zusätzlichen externen Thermometer überwachen und ggf. leicht reduzieren.

Züchtern nur etwa 80 bis 95 % der Küken schlüpfen. Die übrigen Embryonen sterben während der Brut oder schaffen es nicht, aus dem Ei zu schlüpfen. Auch die ersten drei Lebenstage sind kritisch: Verluste sind in dieser Phase keine Seltenheit.

Hat die billige Brutmaschine überhitzt und ist um nur wenige Zehntel Grad Celsius von der Idealtemperatur abgewichen, führt das oft zu vielen Küken mit Spreizbeinen. Eine leichte Form dieser Fehlstellung kann man gut selbst behandeln.

Videotipp: Spreizbeine bei Küken heilen in wenigen Tagen:

https://youtu.be/DqmkAweeIdI

Bei der schweren Form (wenn ein Bein komplett nach hinten knickt) ist der Heilungsversuch jedoch meist aussichtslos und man muss das Küken erlösen.

Wenn man einem Geflügelzuchtverein beitritt, findet man dort oft Unterstützung. Manche Vereinsmitglieder bieten an, Bruteier für andere in ihren Brutmaschinen mit auszubrüten. Bruteier können gut verpackt mit der Post durch ganz Deutschland verschickt werden. Meist ist der Transportschaden so gering, dass viele Küken gesund schlüpfen können.

Befruchtete Eier zur Brut kann man gut mit der Post verschicken. Sie sollten, möglichst nicht älter als eine Woche, mit der Spitze nach unten gelagert (damit die Luftblase oben ist) und stoßsicher verpackt werden. Damit die Eier im Karton nicht hin- und herwackeln, habe ich sie zusätzlich mit Holzschnipseln in der Eierpappe fixiert.

Der Schlupftag ist immer wieder etwas ganz Besonderes.

Über das Internet, insbesondere über Sondervereine der Rassen oder Verkaufsportale, kann man Züchter kontaktieren, die bereit sind, Bruteier von den zukünftigen Lieblingshühnern zu versenden. Ein guter Brutkasten, der die Eier weder überhitzt noch auskühlen lässt, die notwendige Wendung der Eier korrekt ausführt und die optimale Luftfeuchtigkeit während der Brut aufrechterhält, kostet nach meiner Einschätzung über 150 Euro.

Die Brut dauert 21 Tage. Schon im Ei sind die Küken schmerzempfindlich. Wer an der Ausrüstung oder der Überwachung spart, riskiert, dass Küken Missbildungen entwickeln, nicht genug Kraft zum Schlüpfen haben und im Ei ersticken. Es kann auch passieren, dass der Dottersack nicht in den Körper eingezogen wird oder die Küken schon während der Brutphase sterben. Ich bitte im Namen der ungeschlüpften Küken darum, die Brut nicht auf die leichte Schulter zu nehmen.

Auch in der Kükenaufzucht kann Unwissenheit zu großem Leid bis hin zum Tod führen. Selbst erfahrene Züchter verzeichnen in den ersten drei Lebenstagen Verluste von bis zu 5 %. Ein erfahrener Züchter kann abschätzen, ob ein Küken noch eine Chance hat oder ob es erlöst werden muss, um es vor weiterem Leid zu bewahren. Für Anfänger ist es oft sehr belastend, diese Entscheidung zu treffen. Sollte

Jedes tote Küken schmerzt. Man sollte allerdings darauf gefasst sein, da es die absolute Ausnahme ist, dass alle Küken gesund schlüpfen und heranwachsen. Quelle: © Ahmad wakhid arf/Shutterstock.com.

die Entscheidung auf das Erlösen fallen, ist es eine emotionale Herausforderung, das kleine Küken von seinem Leiden zu befreien. Trifft man jedoch die falsche Entscheidung und lässt das Küken weiter leiden, kann es zu Kannibalismus kommen, da Küken alles neugierig anpicken, was glänzt oder feucht ist.

Auch die Kosten sollten bedacht werden: Brutmaschine (>180 Euro), Thermo-Hygrometer (30 Euro), Kükenheim (50 Euro), Wärmeplatte (35 Euro), Kükentränke und Futterautomat (zusammen 20 Euro), Kükenfutter (22 Euro) und Einstreu (15 Euro).

Bei einer Naturbrut mit einer Glucke benötigt man einiges dieser Ausrüstung nicht, aber dafür andere Dinge: einen separaten Gluckenstall oder ein abgetrenntes Abteil, in dem die Glucke in Ruhe brüten kann.

Ein wichtiger Punkt, den man vorab bedenken sollte: Das Geschlecht der Küken ist bereits bei der Befruchtung genetisch festgelegt, und im Schnitt schlüpfen genauso viele Hähne wie Hennen. Jedes Mal, wenn ich in Chatgruppen lese: „Wir haben fünf Junghähne abzugeben, total lieb, Rassemixe, fangen leider schon an zu krähen, nur in ein schlachtfreies Zuhause", muss ich innerlich aufschreien. Wer Küken ausbrütet, sollte eine Strategie haben, was mit den Hähnen passiert. Falls es Rassetiere sind, kann man versuchen, Hähne als Zuchthähne zu verkaufen. Den besten behält man für die nächste Zuchtsaison, die übrigen gibt man im Herbst zum Schlachten ab, verschenkt sie oder lässt sie selbst schlachten. Es gibt Lohnschlachtereien, bei denen man seine Hähne morgens abgeben und sie küchenfertig am Nachmittag wieder abholen kann. Das kostet pro Hahn etwa 5 bis 12 Euro.

Ich möchte euch auf keinen Fall verängstigen oder von der Hühnerhaltung abschrecken. Mein Anliegen ist es, euch offen darzulegen, dass es für Anfänger erheblich sinnvoller ist, ein paar Wochen alte Hennenküken, Junghennen oder Hennen zu kaufen, anstatt selbst Küken auszubrüten.

Und wer möchte, kann sich auch einen schönen Rassehahn dazukaufen. Wer eine Strategie für überschüssige Hähne hat, kann auch geschlechtsunsortierte Küken oder Jungtiere kaufen. Wer ab und an gerne Fleisch isst, wird vermutlich kein artgerechteres Fleisch als das von den eigenen Hähnen genießen können.

Bei den Bielefelder Kennhuhn-Küken kann man schon am Kükengefieder eindeutig das Geschlecht erkennen. Links, das helle Küken, ist ein Hahn; rechts, das dunklere Küken mit dem schwarzen Strich hinter dem Auge, ist eine Henne.

10. KAPITEL

Alles rund um Eier

Zu Beginn des Buches haben wir einige der tierunwürdigen Produktionsverhältnisse kennengelernt, unter denen die meisten Hühnereier regelrecht „produziert“ werden (wie organische Schläuche, in die vorne Futter gegeben wird, damit hinten Eier herauskommen). Eigene Eier von unseren glücklichen Charakter-Hühnern sind daher ein Motivationsbaustein für die private artgerechte Hühnerhaltung. Halten wir noch ein paar mehr Hühner, können wir Eier an die Nachbarn abgeben und so gemeinsam einen kleinen Beitrag leisten, das Leiden der „organischen Schläuche“ in den Produktionsstätten zu verringern.

Ein Ei ist im Prinzip als Starterpaket für die Keimscheibe gedacht, aus der sich, falls befruchtet, durch die 21-tägige Brut ein Küken entwickeln kann. Daher ist ein Ei für uns ein unglaublich wertvolles Lebensmittel, das sowohl einzeln verzehrt als auch als Zutat in diversen Speisen verwendet werden kann.

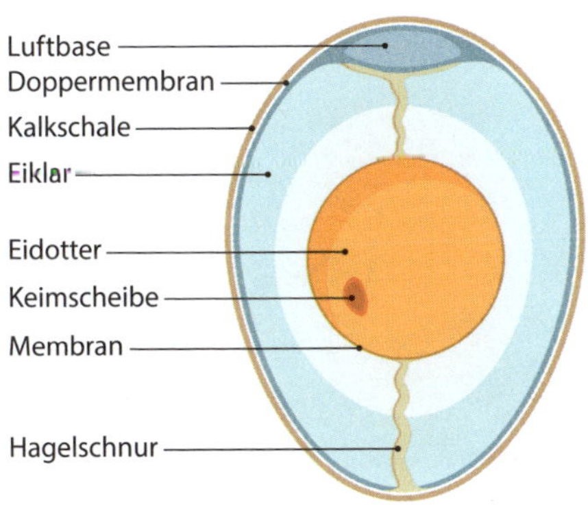

Der schematische Aufbau eines Hühnereis. Quelle: © Li Artis/Shutterstock.com.

Die Hauptkomponenten eines Eis sind die Eierschale, das Eiklar und der Eidotter. In der Skizze zum Aufbau eines Hühnereis sehen wir innen den Eidotter, auf dem die Keimscheibe sitzt (1 bis 2 mm groß). Wenn man Spiegeleier macht, kann man bei genauer Betrachtung diese kleine helle Scheibe oben auf dem Dotter erkennen. Mit etwas Vergrößerung (z. B. mit einer Lupe und der Handykamera) lässt sich feststellen, ob das Ei befruchtet war oder nicht. Bei einem befruchteten Ei hat die erste Zellteilung bereits im warmen Eileiter der Henne begonnen. Die Keimscheibe hat sich zu einer Blastula entwickelt und erscheint dann kreisrund, oft mit einem Punkt in der Mitte, ähnlich einem „Bullauge". Eine unbefruchtete Keimscheibe sieht dagegen eher wie ein ausgefranster Klecks aus.

Der Eidotter wird von zwei aufgezwirbelten Hagelschnüren in der Mitte des Eis gehalten. Diese Hagelschnüre erkennt man bei genauer Betrachtung eines aufgeschlagenen Eis als helle Anhängsel am Dotter. Der Raum zwischen Dotter und Eischale ist mit Eiklar gefüllt, das beim Kochen zu Eiweiß wird. Zwischen dem Eiklar und der Eischale befindet sich eine Doppelmembran, die sich am stumpfen Ende voneinander löst und dort die Luftkammer bildet. In der Eierschale befinden

Kreisrund links neben der Zollstockspitze ist die Blastula zu sehen: Dieses (Spiegel-)Ei ist befruchtet.

Unbefruchtetes Ei mit ausgefranster Keimscheibe.

sich etwa 10.000 Poren, die für den Luftaustausch sorgen. Außen auf der Eischale liegt noch ein hauchdünnes Oberhäutchen, die Kutikula, die vor Keimen schützt. Diese Schutzschicht hält jedoch nur wenige Tage, bevor sie sich langsam auflöst. Reibt man Schmutz von einem Ei oder wäscht es, zerstört man diese zusätzliche Schutzschicht sofort.

Die Farbe der Eierschale ist rasseabhängig und hat keinen Einfluss auf die Inhaltsstoffe oder den Geschmack. Die Farbpalette bei Hühnereiern reicht von Weiß über Cremefarben, Gelb, Rosa, Helltürkis, Blau, Grün bis hin zu verschiedenen Brauntönen mit oder ohne Punkte oder Sprenkel. Hühnerhalter, die viel Freude an einem möglichst bunten Eierkorb haben, nennen sich gern „Easter-Egger" (Ostereiermacher).

Hühnereier zum Verzehr haben eine Mindesthaltbarkeit von 28 Tagen nach dem Legen. Daher beschrifte ich die Eier, die ich aus dem Nest nehme, immer mit einem Bleistift: das Legedatum und der Name der Henne, wenn ich das Ei sicher zuordnen kann. Durch eine ununterbrochene Lagerung im Kühlschrank kann man die Haltbarkeit auf sechs Wochen ausdehnen.

Wenn Eier älter werden, verdunstet Wasser durch die Poren der Schale nach außen. Dadurch wird die Luftblase im stumpfen Ende des Eis mit jedem Tag größer. Hieraus ergeben sich zwei einfache Tests, um das Alter eines Eis festzustellen – besonders interessant, wenn man im

Bunte Eier von verschiedenen Rassehühnern und Mixen.

Sommer drei Wochen lang nur wenige Eier im Nest findet und dann plötzlich im Auslauf unter einem Busch ein verstecktes wildes Nest mit über fünfzehn Eiern entdeckt.

Beim **Schwimmtest** legt man das Ei ins Wasser, egal ob in eine Schüssel, ein Glas oder ein Waschbecken. Geht das Ei unter und liegt flach am Boden, ist die Luftblase noch klein: Das Ei ist noch frisch. Richtet sich das Ei mit dem stumpfen Ende etwas auf, ist die Luftblase schon größer: Das Ei ist etwa eine Woche alt. Stellt sich das Ei auf und treibt schon fast nach oben, ist es zwei bis drei Wochen alt. Schwimmt das Ei an der Wasseroberfläche, ist es über vier Wochen alt und sollte nicht mehr gegessen werden.

Beim **Schiertest** (Schieren nennen die Züchter das Durchleuchten der Eier) kann man das Ei mit einer Lampe durchleuchten. Hierzu reicht die Lampe am Handy völlig aus. Hält man das Ei mit dem stumpfen Ende an das Licht, erkennt man deutlich die Größe der Luftblase im Inneren. Beobachtet man ein Ei jede Woche und zeichnet die Größe der Luftblase mit einem Bleistift auf, entwickelt man schnell ein gutes Gefühl für das Alter des Eis.

Ein **grün-grau verfärbter Rand um den Dotter** bei hartgekochten Eiern ist kein Anzeichen für ein altes Ei. Dieser Ring entsteht bei längerem Kochen (weit über 10 Minuten) und ist das Resultat einer chemischen Reaktion zwischen dem Eisen im Eigelb und dem Schwefel im Eiklar. Dabei entsteht Eisensulfid, das den Dotter grünlich färbt. Die Qualität des Eis wird dadurch nicht beeinträchtigt.

Die **Farbe des Eidotters** hängt von der Fütterung der Hühner ab. Wenn viele Karotinoide (natürliche Farbstoffe, z. B. in Möhren und Mais) verfüttert werden, wird der Dotter kräftig orange. Bei weniger Karotinoiden ist der Dotter eher gelblich.

Das frische Ei liegt flach auf dem Boden, ältere Eier richten sich mit der Luftblase im stumpfen Ende nach oben auf und noch ältere schwimmen an der Wasseroberfläche.

An der Größer der Luftblase im stumpfen Ende des Eies kann man das Alter abschätzen. Bei frischen Eiern ist der Durchmesser der Luftblase nur etwa 1 cm. Hier bei dem älteren Ei schon über 3 cm. Vom stumpfen Ende aus in das Ei zu leuchten funktioniert besser. Weiße Eier sind einfacher zu durchleuchten als braune. Für das Foto war es ein hellbraunes Ei.

Die Kochdauer bestimmt die Konsistenz des Eis. Kocht es sehr lange, bildet sich ein grün-grauer Rand um den Eidotter. Quelle: © New Africa/Shutterstock.com.

Um herauszufinden, ob ein Ei gekocht oder roh ist, kann man den **Kreiseltest** durchführen: Das Ei wird liegend in Rotation versetzt. Ein gekochtes Ei dreht sich lange wie ein Kreisel, während ein rohes Ei kurz schlackert, zur Seite driftet und dann schnell zum Stehen kommt.

Wenn ein **Ei unangenehm nach Fisch riecht**, liegt das an einem Gendefekt der Henne. Sie kann die fischig riechende Stoffwechselsubstanz Trimethylamin (TMA) nicht zum geruchslosen TMA-Oxid verstoffwechseln. Stattdessen gelangt das stinkende TMA in den Eidotter und verursacht den unappetitlichen Fischgeruch. TMA entsteht beim Verdauen von bestimmten Futterpflanzen, hauptsächlich Raps und anderen Kreuzblütlern. Hat man also eine solche Henne und möchte sich nicht von ihr trennen, kann man nach einem Futter suchen, das kein Raps enthält. Dieser Gendefekt vererbt sich stark, weshalb er durch Zucht nahezu eliminiert wurde, aber einzeln noch auftritt.

Die ersten zehn Eier von einer jungen Henne sind meist deutlich kleiner – das ist vollkommen normal. Doppeldottereier hingegen sind deutlich größer und enthalten, wie der Name schon verrät, zwei Eidotter. Das kann durch hormonelle Schwankung (z. B. bei viel Licht) entstehen und vererbt sich stark. Es ist wahrscheinlich, dass immer dieselbe Henne Doppeldottereier legt.

Eigrößenklassen

Klassifizierung	Bezeichnung	Gewicht
XL	sehr groß	> 73 g
L	groß	63 bis 73 g
M	mittel	53 bis 63 g
S	klein	< 53 g

Nach einem Polenurlaub erhielten wir als Abschiedsgeschenk eine Packung sehr großer Eier, jedes über 95 g schwer. Leider spreche ich kein Polnisch und konnte nicht erklären, dass es für das Tierwohl der Hennen nicht ideal ist, sie speziell auf das Legen sehr großer Doppeldottereier zu trimmen. Der Legeapparat ist nicht für solche Eier ausgelegt und es könnte (muss aber nicht!) zu Legedarmvorfällen kommen. Dabei rutscht das hintere Ende des Legeapparates mit dem Ei aus der

Links ein sehr großes Doppeldotterei, rechts ein verunglücktes kleines Ei ganz ohne Dotter. © Nueng_Suchi/Shutterstock.com.

Kloake und bleibt hängen, woraufhin die anderen Hühner neugierig daran picken. Den weiteren, schrecklichen Verlauf erspare ich mir hier zu skizzieren. Schrecklich und beinahe keine Chance auf Heilung.

Weitere seltsame Eier können starke Anzeichen für gesundheitliche Probleme sein. Dies werden wir im folgenden Kapitel „Gesundheitsvorsorge und Erkrankungen" besprechen.

11. KAPITEL

Gesundheitsvorsorge und Erkrankungen

Vorbeugen ist besser als heilen. Gutes Futter und Wasser, ein artgerechter Stall mit scharrfähiger Einstreu, ein schöner Auslauf und kein Überbesatz mit Hühnern sind sehr gute Voraussetzungen für dauerhaft gesunde Tiere. Aber auch die Tiere selbst sind aufgrund ihrer Rasse, Linie und Vorgeschichte (gerettete kranke Hybridhenne vs. robuste Rassejunghenne? Impfungen?) ein ausschlaggebender Faktor, ob wir uns langfristig an gesunden Tieren erfreuen oder ob wir uns immer wieder wegen diverser Krankheiten Sorgen machen.

Dieses Huhn ist offensichtlich krank: Der Kamm ist blass und schlaff, die Augen sind geschlossen, das Gefieder sieht mitgenommen und zerfranst aus. Wahrscheinlich flüchtet sie auch nicht und ist abgemagert. Vermutung: eine Infektion. Quelle: © Kikujiarm/Shutterstock.com.

Wir wollen unsere Hühner im Garten laufen sehen und ihnen ein langes tiergerechtes Leben ermöglichen. Das bedeutet auch, dass unsere Tiere im Auslauf über kurz oder lang unweigerlich mit Parasiten und Krankheitserregern in Kontakt kommen. Hühner haben selbstverständlich auch ihr eigenes Immunsystem und können vieles selbst ausheilen. Sehr schnell heilen z. B. die allermeisten kleinen Verletzungen.

Oft wird erzählt, dass Hühner ihre Krankheiten sehr lange geheim halten und man sie erst entdeckt, wenn es zu spät ist. Hühner leiden zwar tatsächlich fast immer stumm, ich behaupte aber trotzdem, dass der aufmerksame Hühnerhalter recht gut mit einem Sicht- und sporadischem Gesundheitscheck seiner Hühner erkennen kann, ob es einer oder mehreren Hennen gerade nicht so gut geht. Steht eine Henne teilnahmslos abseits der Gruppe, wird der Kamm kleiner und blasser (ist während der Mauser normal), ist die Körperhaltung krumm und buckelig, das Gefieder ungepflegt und zerfranst, sind die Bewegungsabläufe normal oder geht das Huhn seltsam, findet man blutigen Durchfall oder sogar Würmer im Kot auf dem Kotbrett, gibt es ohne anderen Grund (Hitze, Frost, Mauser) deutlich weniger Eier im Nest, muss ein Tier mit geöffnetem Schnabel atmen und nicht wie üblich durch die Nasenlöcher? All das sind Anzeichen dafür, dass man einen ausführlichen Gesundheitscheck durchführen sollte.

Gesundheitscheck Einzeltier

Um eine Handkontrolle mit Gesundheitscheck durchzuführen, müssen wir zuerst das ausgewählte Huhn **einfangen**.

Dazu schlage ich folgende Einfangvarianten vor:

1. Zahme und zutrauliche Hühner kann man einfach im Auslauf hochnehmen. Halbwegs zutrauliche Hühner kann man hochnehmen, wenn man zwischen den eigenen Füßen immer wieder leckeres Futter anbietet. Ich mache das immer nachmittags mit der Küchenschüssel, in der wir die hühnertauglichen Küchenreste sammeln.

2. Zurückhaltende und scheue Hühner kann man behutsam in eine Ecke drängen und dann mit ausgebreiteten Armen fangen: Die Hand, auf die das Huhn schaut (Bedrohung von oben), dem Huhn zum Anstarren anbieten und dann genau mit der anderen Hand von hinten das Huhn beherzt greifen.
3. Klappt auch das nicht, kann man sich auf einem Rahmen ein Stückchen Zaun (circa 1 x 2 m) basteln, mit dem man die Hühner in einer Ecke gefangen nimmt und dann aus dem so entstehenden kleinen Dreiecks-Abteil von oben gezielt greifen kann.
4. Gelingt auch das nicht oder verursacht zu viel Stress und man ist zeitlich unabhängig, kann man das Fangen auf die spätere Abendstunde verlegen. Wenn die Hühner auf den Sitzstangen schon eingeschlummert sind, kann man sie ohne jegliche Fluchtversuche sehr einfach von der Stange nehmen. Hühner sehen bei Licht zwar deutlich besser als wir Menschen, im Dunklen sind wir ihnen mit unserer Sehkraft aber weit überlegen.

So halte ich meine Hühner fest:

Wir wollen das Huhn in der Hand mit unserem Griff weder aus Versehen verletzen noch wollen wir vom Huhn verletzt werden. Die

Je nachdem, wie groß und breitbeinig gebaut das Huhn ist, kann man einen oder zwei Finger zwischen die Läufe nehmen.

größte Gefahr für schlimme Kratzer an den Armen geht dabei von den Krallen der Hühner aus. Daher schiebe ich meine rechte Hand so unter das Huhn zwischen seine Beine, dass ich den einen Lauf mit Zeigefinger und Daumen und den anderen zwischen Mittel- und Ringfinger fixieren kann.

So sind die Läufe mit den Krallen gesichert. Ist das Huhn noch unruhig oder schlägt gar mit den Flügeln, kann die zweite Hand auf den Rücken des Tieres gelegt werden. So gehalten, beruhigen sich die Hühner innerhalb von wenige Augenblicken.

Jetzt kommt der große Hühner-Handkontrolle-Dr-Bene-Gesundheitscheck:

Nacheinander untersuchen:

1. **Gewicht schätzen**: Ist das Tier gut im Futter oder abgemagert? Ab und an kann man ein Huhn auf eine alte Küchenwaage stellen. Mit etwas Erfahrung genügt dann auch eine Schätzung über das Wiegen mit der Hand. Aufgrund des Federkleides sieht man bei ganz vielen Rassen nicht, ob die Tiere gut im Futter oder schon abgemagert sind. Das Gewicht ist ein guter Parameter für den allgemeinen Ernährungs- und Gesundheitszustand der Tiere.

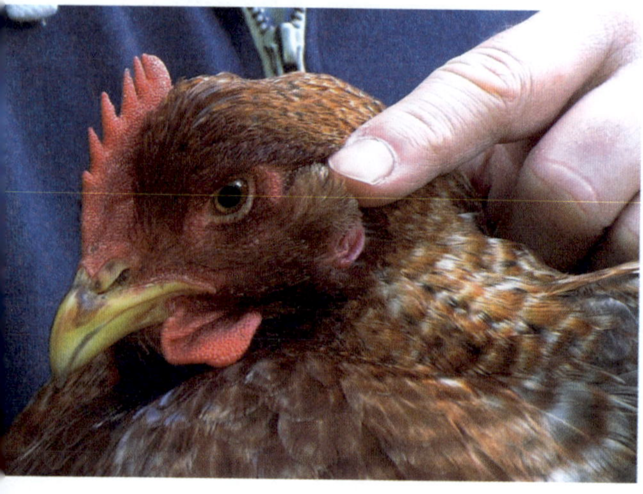

Kopf einer gesunden Bielefelder Henne.

Diese Hybridlegehenne zeigt einen großen blassen Kamm und ist Opfer von massivem Federpicken. Wahrscheinlich hat sie noch nie Sonnenlicht gesehen. Schaut bitte auch auf den Schnabel: Die Spitze wurde abgetrennt in der Hoffnung, damit das Federpicken zu reduzieren. Das ist grausam für die Hühner: Ihre Schnäbel sind für sie genauso wichtig wie für uns unsere Hände mit Daumen. Seit 2017 ist diese Amputation bei Legehennen in Deutschland verboten. Quelle: © AllaMosurova/ Shutterstock.com.

2. Der Kopf

2.1 Der Kamm

2.1.1 Gibt es **Verletzungen am Kamm**? Hackordnung: Kleinere Verletzung können beim Aushandeln der Rangordnung passieren und heilen schnell, wenn nicht erneut an derselben Stelle gepickt wird. Ist das Tier abgemagert und der Kamm klein und blass? Dann ist das Tier sehr wahrscheinlich rangniedrig und wird stark gemobbt. Bitte überprüfen, ob es Konkurrenz durch zu wenig Platz am Futter, Wasser, auf den Sitzstangen oder in den Staubbädern gibt. Sind ausreichend Ausweichmöglichkeiten im Auslauf vorhanden?

2.1.2 Ist die **Kammfarbe blass** oder bläulich? Das kann ein Zeichen für eine Infektion (siehe unten) sein. Tiere ohne Zugang zu direktem Sonnenlicht haben auch blasse und oft vergrößerte Kämme.

2.2 **Der Schnabel**: Ist er normal geformt? Überbiss, scharfkantig, abgebrochen? Hühner picken gern mehr als 10.000-mal am Tag. Können sie das an diversem Material ausleben, z. B. Boden, Pflanzen, Sand, Grit, Steinen, Einstreu und Futter, sollten die Schnäbel gesund geformt sein. Meine Hühner wetzen sich gerne an einer erhöhten Steinplatte im Auslauf selbst die Flanken ihrer Schnäbel. Mit einer Nagelfeile kann man einen stark überstehenden Oberschnabel per Hand auf ein normales Maß zurückfeilen.

2.3 **Nase, Atemwege**: Gibt es Nasenausfluss oder Atemgeräusche? Muss das Tier mit geöffnetem Schnabel atmen? Das spricht recht deutlich für eine Infektion (oder Luftröhrenwürmer bei nur Atemgeräuschen ohne Ausfluss). Eventuell ist das Stallklima miserabel: Wurde lange nicht ausgemistet und im Stall riecht es schon stechend nach Ammoniak (wie abgestandener Urin)? Ist der Stall gut gelüftet, ohne Zugluft?

2.4 **Augen**: Sind die Augen klar, trüb oder geschwollen? Genau wie bei der Nase spricht dies für eine Infektion und/oder schlechtes Stallklima.

Ein stark geschwollenes Auge deutet auf eine Coryza-Infektion (ansteckender Hühnerschnupfen) hin. Quelle: © Nicolas Orallo/Shutterstock.com.

3. **Nacken**: Gibt es im Nacken durch Federverlust eine kahle Stelle oder sogar Schorf? Wenn ein Hahn mit in der Gruppe ist, könnte es seine Lieblingshenne sein. Dann fehlen auch auf dem Rücken Federn. Unterschiedliche Rassehähne treten sehr unterschiedlich häufig ihre Hennen. Die einen machen den ganzen Tag nichts anderes außer zu krähen und zu treten, bei anderen kann man es fast nie beobachten. Falls ein Hahn schon ausreichend Hennen (10+) hat und es im Auslauf auch Ausweichmöglichkeiten gibt, sollte man kurz nachdenken, ob der Hahn die Hennen weiter kaputttreten darf oder ob man ihn der Küche zuführt. Ist kein Hahn bei den Hennen, ist diese Henne rangniedrig und wird gemobbt. Bitte überprüfen, ob es Konkurrenz durch zu wenig Platz am Futter, Wasser, auf den Sitzstangen oder in den Staubbädern gibt. Sind ausreichend Ausweichmöglichkeiten im Auslauf vorhanden? Ist die Halsbefiederung in Ordnung? Gibt es eine Halsmauser?
4. Den **Kropf** abtasten: Er befindet sich asymmetrisch auf der rechten Körperseite des Huhns. Es braucht etwas Übung und Erfahrung, um zu ertasten, ob es ein gut gefüllter weicher Kropf nach dem Fressen ist oder ob der Kropf eventuell

Der Kropf vorne rechts am Huhn wird durch die Federn hindurch vorsichtig abgetastet. Dies bedarf ein wenig Übung und Erfahrung, um ein Gefühl für das normal voll und normal leer (morgens) zu bekommen.

verstopft, prall gefüllt und hart ist. Sobald man ein paar Tiere betastet hat, bekommt man ein Gefühl dafür, was normal ist. Morgens, bevor ein Huhn gefressen und getrunken hat, soll bei einem gesunden Huhn der Kropf leer sein. Fühlt man aber einen vergrößerten Kropf mit Wassereinlagerungen, weich mit süßlich-fauligem Atemgeruch (Gärung im Kropf), oder einen vergrößerten Kropf, der sehr hart ist? Beides kann eine Kropfverstopfung sein.

5. **Flügel** auffächern und ansehen. Gibt es auf der Unterseite Parasiten (oft in der Armbeuge). Ist das Gefieder beschädigt oder in der Mauser?

Der aufgefächerte Flügel der Bielefelder Henne. Man sieht gut die unterschiedlichen Farbmuster in der Hand- und Armschwinge.

6. **Rücken und Schwanz** von oben betrachten, auf dem Rücken gegen den Strich streichen, um die Haut zu betrachten. Sind dort Parasiten zu erkennen?

Den Rücken untersuchen. Irgendwo kurz vor dem Schwanz ist auch die etwa zeckengroße Bürzeldrüse. Aus dieser können sich die Hühner bei der Gefiederpflege mit dem Schnabel ein öliges Sekret nehmen und verteilen.

7. Das Huhn nach vorn unten kippen, es fächert dann die Schwanzfedern auf und man kann gut die **Kloake** und umliegende Federn betrachten. Dort sind gerne zuerst Federlinge und nordische Milben, die an den Federkielen ihre Nissen (Eigelege) anheften. Kleben hier Kotreste, Durchfall, Verletzungen, Rötungen?

Hier die Kloake. Direkt rechts und links davon kann man die zwei Legehöcker (Knochen) spüren. Etwa da, wo mein zweites Mittelfingerglied liegt, ist das Ende des Brustbeines zu spüren. Bei einer Henne, die Eier legt, entfernt sich das Ende des Brustbeines etwas weiter von der Kloake, schließlich muss dort ein Ei durchpassen. Bei einer Junghenne oder einer mausernden Henne ist das Ende des Brustbeines viel näher an der Kloake. Wer möchte, kann so bei seinen Junghennen ertasten, ob sie bereits legereif sind.

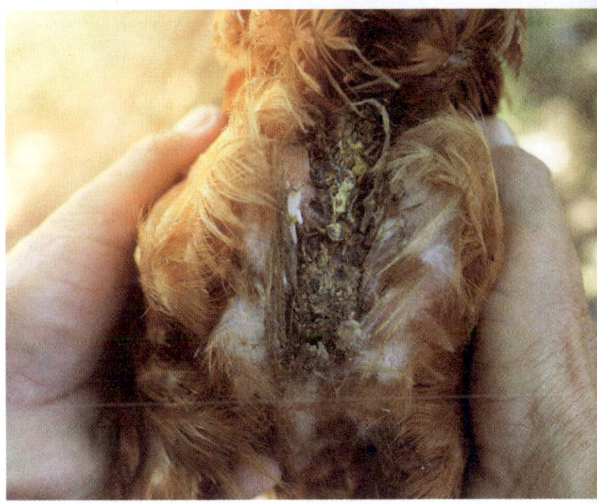

Bei dieser kleinen Henne ist die Kloake mit Durchfallkot verunreinigt. Quelle: © Silarock/Shutterstock.com.

8. Das **Brustbein** befühlen. Dazu kann das Huhn auch in den „Babygriff“ (auf den Rücken legen) genommen werden. Bei Hybridhühnern kommt es häufig zu Brüchen des Brustbeines.

Dreht man die Henne vorsichtig in den Babygriff, kann man etwas einfacher das Brustbein abtasten.

9. **Läufe, Sporen und Zehen** ansehen. Gibt es Anzeichen für Kalkbeingrabmilben?

Ein Lauf mit den Krallen. Keine Beanstandungen.

10. **Fußballen** von unten ansehen. Hoffentlich gibt es keine Ballenabszesse.

Gestatten, Dr. rer. nat. Benedikt Sauer, Naturwissenschaftler und kein Tierarzt. Nach bestem Wissen und neustem mir verfügbarem Kenntnisstand habe ich auch dieses Kapitel zusammengestellt. Selbstverständlich nutzt ihr bei der Gesunderhaltung und Krankheitsdiagnostik und -behandlung euer eigenes Urteilsvermögen und zieht gegebenenfalls einen Tierarzt vor Ort zu Rate.

Neben der Beobachtung der Tiere und der gerade beschriebenen Handkontrolle können die Betrachtung des Kotes und der Eier starke Hinweise auf mögliche Krankheiten oder Parasiten geben.

Kot

Ein Huhn setzt etwa zwölfmal täglich Kot ab. Der normale Dickdarmkot ist grünlich bis dunkelbraun, gut geformt und hat eine weißliche bis leicht gelbliche, etwas wässrige Kappe. Die Kappe ist quasi der Urin, die Harnsäure. Etwa jeder zehnte Kot ist Blinddarmkot, der oft morgens abgesetzt wird. Diesem fehlt die weiße Haube und er ist deutlich

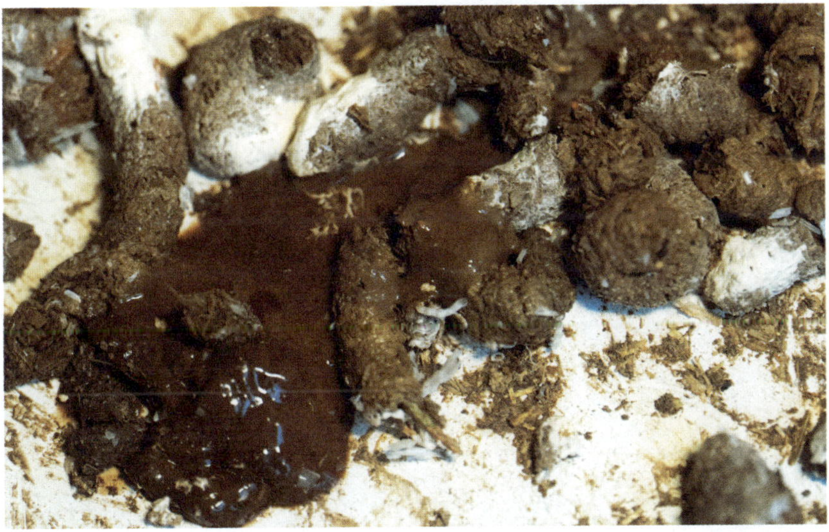

Blinddarmkot unten links. Normaler Kot daneben. Die hellen länglichen Teile sind leere Federhüllen von den Junghennen oder mausernden Hennen. Vergleiche dazu das folgende Foto mit den Wurmgliedern im Kot.

flüssiger, je nach zuvor Gefressenem hell bis dunkelbraun und mit zum Teil unverdaulichen Faserresten. Er kann stärker stinken als der Dickdarmkot. Das ist völlig normal und kein Durchfall.

Leiden die Hühner stark unter Würmern (Endoparasiten), kann man im Kot Wurmglieder oder ganze Würmer sehen.

Tote Fadenwürmer (Nematoden) *Ascaridia galli* im Hühnerkot morgens auf dem Kotbrett.

Sich bewegende Bandwurmglieder (weiß) auf einem Kothaufen. Quelle: © KOOKLE/Shutterstock.com.

Eine brütende Glucke setzt nur ein- bis zweimal am Tag Kot ab. Dieser ist fester und größer als normaler Dickdarmkot.

Manchmal sieht man im normalen Dickdarmkot kleine rote Stückchen, die Ablösungen der Darmschleimhaut sind. Hühner erneuern regelmäßig ihre Darmschleimhaut und sporadische kleine Stückchen sind kein Grund zur Sorge. Häuft sich dies aber und sind noch größere Anteile von Blutbeimengungen zu finden, ist dies ein Alarmsignal für Kokzidiose. Hühner, die kotverfärbendes Futter, z. B. Rote Bete (rot), Rotkohl (blau) oder Blaubeeren (schwarz) bekommen haben, scheiden in der Folge Kot in dieser Farbe aus. Hühner, die z. B. im Sommer viel Wassermelone oder viel eingeweichtes Brot bekommen haben, können dadurch deutlich dünnflüssigeren Kot haben. Stresskot ist ebenfalls dünnflüssiger. Wenn man zunehmend veränderten Kot (dünnflüssiger, schaumiger, verfärbt) über mehrere Tage bemerkt und sich darüber Gedanken macht, sollte man einige dieser Kothäufchen einsammeln und zum Tierarzt bringen. Der kann entweder sofort selbst eine Schwemmprobe vom Kot unter dem Mikroskop betrachten oder den Kot zur ausführlichen Untersuchung einschicken. Dies kostet nicht allzu viel (etwa 10 bis 20 Euro) und gibt die Sicherheit, ob und was die Hühner eventuell innerlich mit sich herumtragen. Die Kotproben sollte man mit Einmalhandschuhen in einem durchsichtigen Zipper-Beutel sammeln und transportieren. Auf den Beutel bitte mit Edding das Datum, die Art der Probe und den eigenen Namen vermerken. In meinem Fall wäre das heute also „2.10.2024 Hühner-Kot Sammelprobe Sauer". Die Probe sollte sofort zum Tierarzt gebracht werden.

Seltsame Eier

Eier ohne Kalkschale nennt man **Windeier**. Lediglich die Doppelmembran unter der Eischale hält das Ei zusammen. So ein Ei kann man aufgeplatzt manchmal auf dem Kotbrett oder im Nest finden. Es besteht die Gefahr, dass ein solches Ei schon in der Henne aufreißt, einen Nährboden für Bakterien bietet und zu Legedarmentzündungen führt. Auch können solche gelegten Eier zum Eierfressen animieren, in dessen Folge auch die normalen Eier im Nest angepickt werden. Windeier also möglichst zügig entfernen.

Ein geplatztes Windei ohne Kalkschale morgens auf dem Kotbrett.

Eine Vorstufe von Windeiern sind sehr dünnschalige Eier. Leider kommen **diverse Ursachen** infrage:

Stress kann die Kalziumaufnahmen verringern (→ Stress verringern).

Es könnte nicht ausreichend Kalzium im Gesamtfutter vorhanden sein (→ zusätzlich Muschelgrit zur freien Aufnahme anbieten).

Es könnten Darmschädigungen vorliegen (→ Kokzidiose oder Würmer?).

Bei Durchfall oder viel Flüssigkeit, z. B. im Sommer, gehen die notwendigen Mineralstoffe zu schnell durch den Verdauungstrakt und können somit nicht von der Henne absorbiert werden (→ Durchfallursache bekämpfen; Elektrolytlösung im Sommer ins Trinkwasser).

Nierenschäden und Vitamin-D-Mangel können den Kalziumstoffwechsel stören. Das Egg-Drop-Syndrom und die Infektiöse Bronchitis können zu Entzündungen im Legeapparat führen und deformierte, wässrige oder schalenlose Eier verursachen (→ gegen beides gibt es Impfungen).

Ältere, insbesondere extrem „hochgezüchtete" Legehybridhennen, können oft körperlich schlicht nicht mehr ausreichend Kalzium für die Eierschalenbildung bereitstellen (→ Qualzucht).

Eins der ersten Eier einer Bielefelder Henne mit einer Blutspur darauf. Erst mal unbedenklich, wenn es nicht länger so bleibt. Wenn das die einzige Henne ist, die mit weißen Punkten ihr Ei verziert, werde ich es gut auch über das Datum auf dem Ei nachverfolgen können.

Abgekochte Eierschalen der eigenen Hühner darf man als Kalziumquelle klein zerbröselt den Tieren wieder zurückgeben.

Ein **Ei mit einer Blutspur** auf der Schale kann zu Beginn der ersten Legeperiode bei Junghennen vorkommen, insbesondere wenn sie noch nicht voll ausgereift sind und „zu früh" mit dem Legen beginnen. Im Legetrakt kann es zu kleinen Rissen mit leichten Blutungen beim Legeakt kommen. Meistens ist dies unbedenklich, es sollte aber beobachtet und notiert werden, ob es nur wenige Male sporadisch bei den ersten zehn Eiern auftritt oder stetig über Wochen. Falls machbar (bei getrennten Gruppen), erst ab oder kurz vor dem Legebeginn Legehennenfutter füttern, davor Junghennenfutter.

Blut oder Fleischflecken im Ei

Blut oder kleine Fleischstückchen im Eiinneren werden häufig fehlinterpretiert als Hahnentritt, also Sperma. Blutflecke direkt am Eidotter sind auf Beschädigungen von Blutgefäßen während des Eisprunges zurückzuführen. Die Ursache können Schrecksituationen wie Gewitter, Attacken von Beutegreifern oder ein Vitamin-K-Mangel sein. Bei braunschaligen Eiern tritt dies häufiger auf als bei weißen.

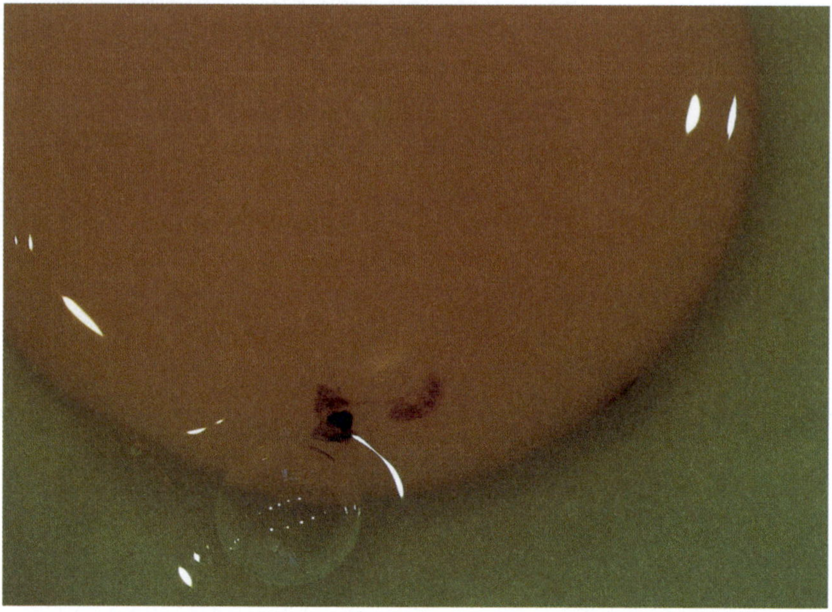

Blut-/Fleischflecken im Ei. Seltsam, hier ist es irgendwie komplett unappetitlich, auch wenn man vor einem Schnitzel nicht zurückweicht. Man kann diese Einschlüsse mitessen (oder bei gekochten Eiern ausschneiden und zur Seite legen).

Fleischflecken im Eiklar sind Schleimhautfragmente des Eileiters oder resorbiertes Blut. Auch hier können Stresssituationen, aber auch eine genetische Veranlagung die Ursache sein. Gerade bei den sehr dunkelbraunen Eiern von den Marans wird gehäuft davon berichtet.

Faltige Eier

Eine Infektion, die auch den Legeapparat betrifft, kann zu faltigen oder sandpapierartigen Eiern führen. Bei der Infektiösen Bronchitis ist oft ebenfalls das Eiklar sehr wässrig. Auch die regelmäßige Trinkwasserimpfung gegen Infektiöse Bronchitis zusammen mit Newcastle kann als Impfreaktion mal einzelne solche Eier verursachen.

Wurm im Ei

Bei sehr starkem Wurmbefall kann es passieren, dass ein Wurm vom Darmausgang an der Kloake in den Legeapparat wandert und dort bei der Eibildung miteingeschlossen wird (→ wirksame Wurmkur vom Tierarzt holen). Dies ist ekelhaft, stellt aber für den Menschen keinerlei Gefahr dar, da die Hühnerwürmer nicht ansteckend für uns Menschen sind.

Kalk-Pickel auf der Eischale

Das kann bei Vitamin-D- und/oder Kalküberschuss in der Nahrung vorkommen. Stress während der Schalenbildung kann ebenso eine Ursache sein oder das Lieblingsnest war besetzt und das Ei verweilte deutlich länger als gewohnt im Uterus (→ Stress vermeiden, Futter überprüfen, mehr schöne Nester anbieten).

Ein Araucana-Ei mit zusätzlichen Kalkauflagerungen. Die Henne ist kurz danach in die Mauser übergegangen.

Kropfverstopfung

Das Gefressene hat sich verklumpt und kann nicht weitertransportiert werden. In der Folge hat das Tier Durchfall und magert immer weiter ab, obwohl der Kropf voll ist. Oft macht das Huhn schlängelnde Bewegungen mit dem Hals, so als versuche es zu schlucken. Ursache kann sein, dass viele Sägespäne, Federn, lange Halme oder langer Grasschnitt gefressen wurden. Ein Tierarzt kann am besten helfen. Beim weichen aufgeblähten Kropf kann versucht werden, ein Erbrechen durch Überkopfhalten und Massieren des Kropfes herbeizuführen (Erstickungsgefahr). Bei der harten Kropfverstopfung könnte tröpfchenweise Speiseöl in den Schnabel gegeben werden und vorsichtig versucht werden, den Inhalt im Kropf zu massieren und so weit zu lösen bzw. zu zerkleinern, dass er weiterrutscht (innere Verletzungsgefahr). Meine Küken und Junghühner lernen sehr unterschiedliche fressbare und nicht fressbare Dinge kennen. Ich gebe auch schon immer das Rasenmäherschnittgut in den Auslauf und hatte noch nie eine Kropfverstopfung bei den Hühnern. Bei „geretteten Legehybriden" habe ich durchaus schon gehört, dass diese an Kropfverstopfungen verendet sind. Meine Vermutung ist, dass Legehybridhennen, die als Küken und Jungtiere im geschlossenen Stall ohne Auslauf aufgewachsen sind (Gewinnmaximierung), nicht einschätzen können, was und wie viel davon sie problemlos fressen können (→ kauft lieber Rassehühner von privaten Züchtern ohne Gewinnerzielungsabsicht).

Parasiten

Die Parasiten können wir grob in Ekto- und Endo-Parasiten (= außen/innen) einteilen. Normalerweise leben Parasiten mehr oder weniger im Einklang mit ihrem Wirt, ohne ihn erheblich zu schädigen. Das Immunsystem und das Verhalten unserer Hühner hat Abwehrmechanismen gegen die Parasiten entwickelt, die sich wiederum in ihrem Überlebenskampf dieser Abwehr zu entziehen versuchen. Zum Beispiel staubbaden die Hühner tagsüber, um Milben auf ihrer Haut zu bekämpfen. Die Rote Vogelmilbe geht aber nur nachts mal ein Stündchen auf den schlafenden Hühnern Blut trinken und versteckt sich tagsüber gern in der Nähe oder unter der Sitzstange. So werden die Roten Vogelmilben nicht vom Staubbad am Tage beeinträchtigt. Ist das Gleichgewicht zwischen Wirt und Parasiten gestört, können sich die Parasiten in wenigen Wochen explosionsartig vermehren und

Mmh, ein Regenwurm. Einerseits ein Leckerli und Proteinquelle, andererseits ein Stapelwirt für Endoparasiten. Quelle: © Fercast/Shutterstock.com.

die Tiergesundheit stark beeinträchtigen. Kommt bei einem so geschwächten Tier eine weitere Infektion (oder z. B. eine tropische Hitzenacht) hinzu, kann dies in Kombination zum Tode führen.

Hühner, die in den Genuss eines Auslaufes kommen, sind immer wieder mit Parasiten in Kontakt. Sehr wahrscheinliche Infektionsquellen sind: Garten- und Wildvögel, Regenwürmer, Schnecken, Mäuse, Fliegen, Ameisen, andere Insekten und Kerbtiere. Auch mit Staub und Dreck an unseren Schuhen oder der Kleidung können wir selbst Parasiten mit in den Hühnerauslauf oder Stall tragen. Neuzugänge bei den Hühnern können auch Parasiten mit in den eigenen Bestand bringen. Letztendlich wird jedes glückliche Huhn, das täglich an der frischen Luft scharren darf und dabei auch mal einen Regenwurm frisst, in gewissem Maße mit dem ein oder anderen Parasiten befallen sein.

Niemand braucht sich also Vorwürfe zu machen, wenn bei der Handkontrolle unserer Tiere mal ein Huhn dabei ist, das sichtbar befallen ist. Ein ganzer Maßnahmenkatalog steht uns im Kampf gegen die Parasiten zur Verfügung.

Endoparasiten (im Huhn)

Kokzidien

Kokzidien verursachen weltweit bei vielen Tierarten hohe Verluste. Sie sind stark wirtsspezifisch. Bsp.: Die Kokzidienart *Eimeria truncata* befällt bei Gänsen die Niere und kann zum Tod führen, ist aber für Hühner irrelevant. Bei Hühnern kann *Eimeria tenella* im Blinddarm zu schwersten Schäden führen. Im Laufe seines etwa einwöchigen Entwicklungszyklus zerstört dieser Einzeller zahlreiche Darmzellen.

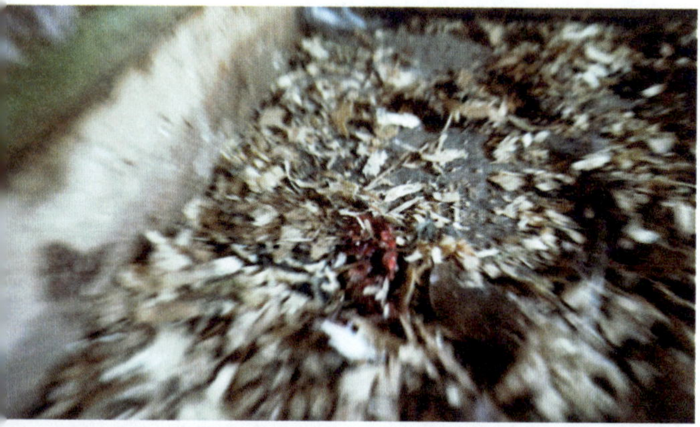

Blutiger Durchfallkot in meinem Jungtierstall. Der Tierarzt bestätigte meinen Kokzidiose-Verdacht. Ein Foto habe ich in der Aufregung nicht gemacht. Das hier ist ein Standbild aus einem Video, daher die Bewegungsunschärfe am Rand.

Das Huhn zeigt das typische Krankheitsbild der Kokzidiose: steht gekrümmt mit unschönem Gefieder, teilnahmslos und wackelig auf den Beinen, abgemagert, sodass der Körper mit dem Wachstum der Federn nicht hinterherkommt, die Flügel schlaff hängend, den schweren Kopf geneigt. Wenn die medikamentöse Behandlung nicht schon läuft, kommt sie hier sehr wahrscheinlich schon zu spät. Quelle: © BAYU DWI SAPUTRO/ Shutterstock.com

Blutiger Durchfallkot tritt aus. Die befallen Hühner sitzen oft mit etwas aufgebauschtem Gefieder und krummem Rücken zusammengekauert und teilnahmslos mit zusammengekniffenen Augen in einer Ecke. Sie magern sehr schnell extrem ab (ich musste das schon erleben und wünsche das niemandem). Besonders anfällig sind Junghühner im Alter von fünf bis sieben Wochen. Oreganoextrakt im Trinkwasser wirkt wissenschaftlich belegt gegen *Eimeria* und kann helfen, die Altersimmunität schneller auszubilden. Es gibt eine Impfung gegen Kokzidiose, die den etwa acht Tage alten Küken über das Trinkwasser gegeben wird. Danach sollte man einige Wochen nicht ausmisten, damit die Küken die ausgeschiedenen Oozysten (Dauerstadium der *Eimeria*) wieder aufnehmen und so die Altersimmunität schneller ausgebildet wird. Als dritte Option neben Oregano und der Impfung gibt es noch mit Antibiotika versetztes sogenanntes Kükenfutter mit Kokzidiostatika (oft nur als „+cocc" oder „+cocci" auf dem Futtersack ausgewiesen). Diese halten, ebenso wie Oreganoextrakt, den potenziellen *Eimeria*-Befall gering und führen zu einer schnelleren Ausbildung der Altersimmunität. Da die Impfung eine Lebendimpfung ist, sollte man sich entscheiden, da Oreganoextrakt und auch Cocci-Futter die Lebendimpfung unwirksam machen würden. Wer noch nie Kozidiose bei seinen Küken hatte, kann regelmäßig beobachten und bei einem eventuellen Ausbruch umgehend ein Medikament beim Tierarzt holen. Unbehandelt können der Kokzidiose, auch Rote Kükenruhr genannt, über 80 % der Küken zum Opfer fallen. Die Überlebenden bleiben wahrscheinlich stark geschwächt und kränklich. Eingekapselt im Dauerstadium der Oozysten können diese Parasiten im Boden des Auslaufes bis zu ein Jahr überdauern. Ich impfe meine Küken seit drei Jahren gegen die Kokzidiose und habe seitdem keinerlei Probleme mehr damit.

Würmer

Die Würmer, die als Schmarotzer in unseren Hühnern leben, können wir grob in Bandwürmer und Fadenwürmer (Nematoden) einteilen.

Jede Bandwurmart benötigt mindestens einen Zwischenwirt für den vollständigen Lebenszyklus. Das können unter anderem Nacktschnecken, Regenwürmer, Käfer und Ameisen sein.

Bei einem Bandwurmbefall können unsere Tiere einen Gewichtsverlust, blasse Kämme und einen schleimig-wässrigen Durchfall zeigen.

Die meisten Nematoden benötigen nicht zwangsläufig einen Zwischenwirt, reichern sich als Larven aber in sogenannten Stapelwirten, z. B. Regenwürmern, an. Jungtiere sind besonders empfänglich für Wurminfektionen.

Eine angequetschte Knoblauchzehe im Trinkwasser wirkt gegen Würmer. Am Folgetag findet man vielleicht tote Würmer oder Wurmglieder im Kot. Noch effektiver und dann auf jeden Fall angesagt ist ein Entwurmungsmittel vom Tierarzt.

Ektoparasiten (auf dem Huhn)

Milben zählen zu den Spinnentieren (= acht Beine). Die *Knemidocoptes mutans* ist die **Kalkbeinmilbe**, die sich mit ihren Grabwerkzeugen in die Haut der Zehen und Läufe unserer Hühner frisst. Betroffen sind

Kalkmilbenbeine. Der Ring schnürte schon leicht ein. Die Behandlung zog sich über mehrere Wochen, war aber erfolgreich. Ich hatte diese ehemalige Henne aus meiner Zucht in dem Zustand zurückgekauft. Die Kalkbeine habe ich akzeptiert, da ich wusste, wie einfach man das selbst behandeln kann. Die großen Sporen bei der Henne hatte ich allerdings übersehen. Das ist ein Merkmal von Hähnen, das Hennen nicht zeigen dürfen. Zumindest sehen das die Preisrichter auf der Ausstellung so ...

vor allem ältere und fußbefiederte Hühner. Die borkigen, aufgedickten Beine sehen aus, als seien sie mit Kalk überzogen.

Die Grabmilbe ist nur etwa 0,2 bis 0,5 mm lang. Die Milben leben in der Oberhaut, der Epidermis, und lösen dort Hornhautwucherungen aus (Hyperkeratose).

Schuppen an den Läufen lockern sich und stellen sich auf. Zahlreiche kleinste Hautentzündungen treten auf. Durch die Entzündung wird Blutserum abgesondert, das in Verbindung mit den Hautschuppen und dem Kot der Milben wie Wucherungen und Borke aussieht, so als sei es mit Kalk überzogen. Daher der Name. Es ist aber kein Kalk. Die krustigen Schuppen bitte nicht abknibbeln, auch wenn es reizt; das würde sehr wahrscheinlich bluten. Die Kalkbeinmilben verschlechtern das Allgemeinbefinden der betroffenen Hühner durch Dauerbelastung und eventuellen Juckreiz. Es führt zu Bewegungseinschränkungen und Bewegungsmangel, bis das Huhn gar nicht mehr gehen möchte bzw. kann.

Abends, wenn die Hühner auf der Stange zur Ruhe gekommen sind, kann man sie ein wenig anlupfen und nacheinander der gesamten Truppe die Beine und Krallen mit einem Kriechöl einsprühen. Eine wöchentliche Wiederholung ist angesagt.

Die männlichen Grabmilben paaren sich an der Hautoberfläche und sterben danach. Die weiblichen Grabmilben legen mit ihren starken Mundwerkzeugen Gänge in der Haut an. In den Grabgängen legen sie ihre Larven und Eier ab. Die Grabmilben leben dort drei bis sechs Wochen und legen in dieser Zeit bis zu fünfzig Eier je Weibchen. Der vollständige Entwicklungszyklus (von den Eiern über Larven- und Nymphenstadien bis zur erwachsenen adulten Milbe) dauert zwei bis vier Wochen.

Die Behandlung ist einfach, aber langwierig: Man besprüht die Beine und Zehen der Hühner mit einem Kriechöl (z. B. Ballistol). Dadurch ersticken die atmenden Milben in den Gängen. Bei der ersten Behandlung werden allerdings die Milbeneier durch das Öl nicht abgetötet und es können erneut Milben schlüpfen. Diese würden ohne weitere Behandlung nach zwei bis drei Wochen die volle Geschlechtsreife erreichen. Nicht mit uns! In der Zwischenzeit wiederholen wir die Anwendung im wöchentlichen Abstand, bevor neue Eier abgelegt werden können. Ich empfehle vier Anwendungen im wöchentlichen Abstand. Das Einsprühen in den Abendstunden auf der Schlafstange ist sehr schnell erledigt, daher sollte man gleich den gesamten Bestand behandeln. Danach vorbeugend gerne einmal im Quartal.

Vogelmilben

Es gibt zwei wichtige Arten von Vogelmilben bei Hühnern: Zum einen die **Nordische Vogelmilbe** (*Ornithonyssus sylvarium).* Sie lebt ständig auf den Hühnern und durchläuft dort mithilfe des Hühnerblutes ihren kompletten Lebenszyklus. Die Eigelege der Nordischen Vogelmilbe befinden sich oft an den Federansätzen in der Nähe der Kloake. Es gibt Spot-ons, Tropfen, Pulver und Sprays zur Anwendung auf dem Tier. Manche Futterzusatzkräuter versprechen, das Blut für Milben ungenießbar zu machen. Durch Staubbaden können Hühner Nordische Milben abschütteln. Hühner mit Schnabelmissbildungen wie Kreuzschnäbeln können ihre eigenständige Gefiederpflege nur unzureichend bewerkstelligen. Sie sind daher wesentlich anfälliger für die Nordische Vogelmilbe und auch Federlinge. Ein warmes Bad mit

Ein Ektoparasiten-Gelege entweder von Federlingen oder von der Nordischen Vogelmilbe (wahrscheinlich dieser) am unteren Kiel einer Feder aus Kloakennähe.

einem Flohshampoo für Tiere und das anschließende Übernachten im warmen Heizungskeller ist eine sehr gute Behandlung.

Videotipp: Huhn baden → Ektoparasiten besiegt:

https://youtu.be/EdAJfFW9MTc

Eine andere Taktik hat die **Rote Vogelmilbe** (*Dermanyssus gallinae*): Sie geht nur nachts auf unsere Hühner, trinkt Blut, verlässt die Tiere und versteckt sich in der Nähe der Schlafplätze. Bei warmen Temperaturen (> 20 °C) kann sich die Rote Vogelmilbe explosionsartig vermehren. Wir Menschen kommen als Fehlwirt für die Rote Vogelmilbe infrage, was zu Hautirritationen führen kann.

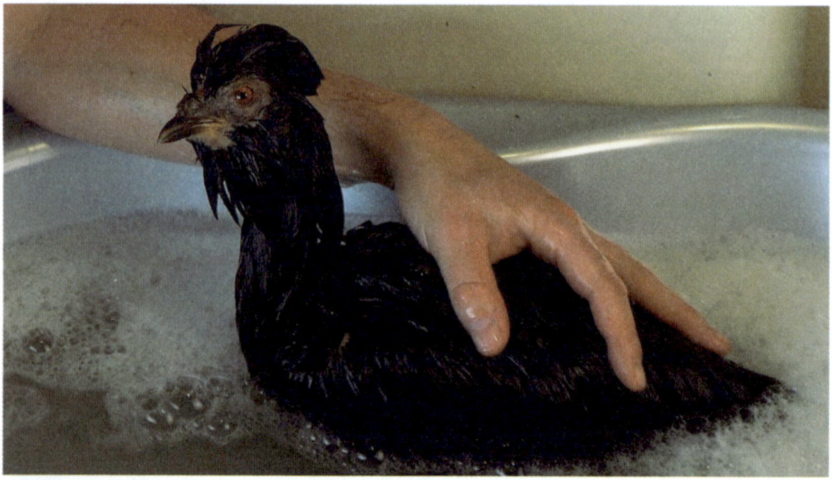

Man kann tatsächlich Hühner baden. Diese schwarze Crèvecoeur hatte eine leichte Form eines Kreuzschnabels, bei dem der Ober- und Unterschnabel vorn nicht richtig zusammentreffen. Wahrscheinlich deshalb konnte sie sich bei der Gefiederpflege nur schlechter von Federlingen und der Nordischen Milbe befreien. Zu dem Zeitpunkt wollte ich noch kein Exzolt nutzen und habe die Hennen mit einem Hunde-Anti-Floh-Shampoo gebadet. Sie hat sich das gut gefallen lassen. Dann hat sie im warmen Heizungskeller übernachtet und war am nächsten Morgen wieder fit.

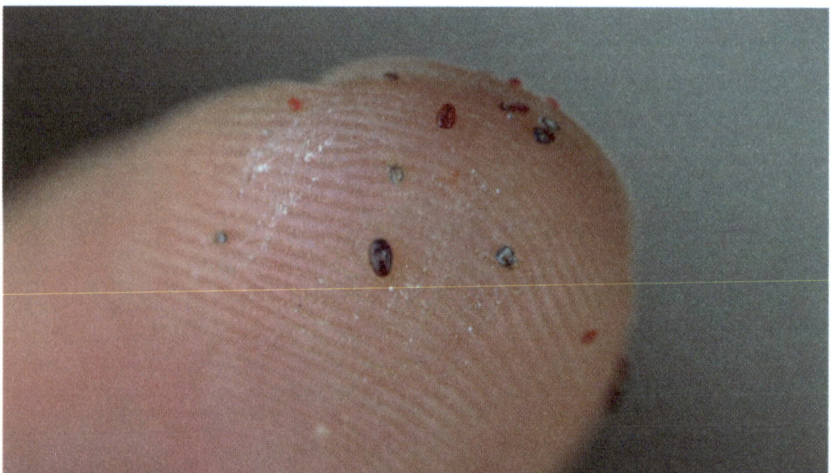

Die mit Hühnerblut vollgesaugten großen Vogelmilben sind auch mit dem bloßen Auge schon erkennbar. Die noch nicht vollgesaugten sind kleiner und grau-durchsichtig, aber mit dem Zoom auch zu erkennen.

Bei einer Temperatur von unter 9 °C können sich die Larven nicht mehr entwickeln. Im Winter ist also Ruhezeit für die Rote Vogelmilbe. Geschlechtsreife Milben können aber über ein Jahr lang ohne Blutmahlzeit in ihren Schlupfwinkeln überleben. Die Milben schwächen unsere Hühner und machen sie anfällig für andere Krankheiten. Es gibt Berichte, dass ein sehr starker Befall mit Roten Vogelmilben durch Blutarmut zum Tod von Zwerghühnern geführt hat. Glucken, die ständig im Nest sitzen, sind ein gefundenes Fressen für Rote Vogelmilben. Diese Milben sind zwar klein, man kann sie aber doch gut mit dem bloßen Auge sehen, wenn man weiß, wo und wonach man sucht. Milbenfallen aus Karton oder Klebestreifen sind meiner Einschätzung nach daher überflüssig. Die Milben findet man oft unter der Sitzstange, in den Faserrillen an den Kopfseiten der Sitzstangen, in Ritzen an Verschraubungen oder Sägeflächenkanten bis etwa 1 m um die Sitzstangen.

Ein Kalkanstrich des Stalls macht die Oberfläche unangenehm für die Milben. Sehr gut vorbeugend wirkt Kieselgurpulver. Das sind Schalenbruchstücke fossiler Kieselalgen. Diese passen mit ihren winzigen kleinen scharfen Kanten genau in die Schwachstellen der Milben und wirken so mechanisch (= keine Resistenzen). Das Kieselgurpulver trägt je nach Firma unterschiedliche Handelsnamen wie Bergmehl, Diatomeenerde, Pelit, Diatomit, Infusorienerde oder Kieselmehl. Oft wird

Unter der Sitzstange und in Ritzen in der Nähe sind die beliebten Sammelplätze der Roten Vogelmilbe.

das Pulver trocken gesprüht und vor der Gefahr des Einatmens gewarnt. Viel einfacher und besser zu sprühen ist es, wenn man es mit Wasser mischt und mit einer Gartenspritze im Stall und rund um die Schlafstange versprüht. So zieht es auch besser in die Ritzen ein.

Videotipp: Rote Vogelmilbe bekämpfen:

https://youtu.be/XpHqj8DU8fc

Bei einer Mischung von einem Teil Kieselgur zu etwa acht Teilen Wasser verstopft auch die Düse der einfachen Gartenspritzen nicht. Das Sprühen geht schnell und sollte mindestens im Frühsommer, je nach Bedarf mit Wiederholungen, durchgeführt werden.

An den Sitzstangen kann man auch konstruktiv Milbenfallen einbauen (siehe Kapitel „Stall“).

Die aktuell ultimative Waffe gegen die Rote Vogelmilbe ist das Medikament Exzolt, was es nur über den Tierarzt gibt. Der Wirkstoff ist Fluralaner, ein hochwirksames Nervengift für Milben. Genau denselben Wirkstoff gibt es auch als Bravecto für Hunde und Katzen gegen Flöhe und Zecken. Das Fluralaner geht in das Blut und die Haut der Hühner. Wenn die Milben nun vom Blut des Huhns trinken, werden sie dadurch vergiftet. Es gibt null Tage Wartezeit auf Eier und vierzehn Tage auf Fleisch, bis es wieder als bedenkenlos essbar gilt. Damit es seine ganze Wirkung entfaltet, sind zwei Anwendungen über das Trinkwasser im Abstand von einer Woche notwendig. Schon 0,1 ml Exzolt reichen für eine einmalige Behandlung von einem 2 kg schweren Huhn aus. Die Wirkung hält wenige Monate an. Exzolt ist zugelassen gegen die Rote Vogelmilbe, nach meinem Wissensstand wirkt es ebenso gegen die Nordische Milbe, gegen Kalkbeinmilben und auch Federlinge.

Federlinge

Federlinge sind flügellose Insekten (= sechs Beine). Sie fressen Hautschuppen und Federn und leben ständig auf unseren Hühnern. Besonders gerne unter den Flügeln in den Achseln. Auch sie legen genau wie die Nordische Vogelmilbe ihre Eier (Nissen genannt) an den

Typische Fraßspuren von Federlingen an Federn.

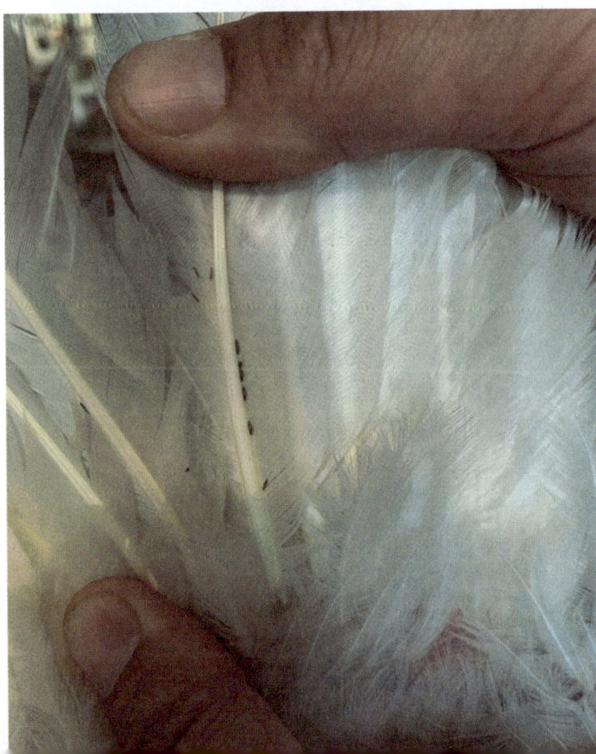

Junge längliche Federlinge am Federkiel in der Mitte des Bildes. Die können auch durchaus doppelt so groß werden. Quelle: © N.Manee/Shutterstock.com

Federn nahe der Haut ab. Die Federlingslarve benötigt bis zu fünf Wochen, um ein erwachsener länglicher Federling zu werden. Die Federlinge kann man recht gut mit dem bloßen Auge erkennen, da sie ein paar Millimeter groß werden. Allerdings scheuen sie das Licht und verstecken sich sehr schnell unter Federn, wenn man ein Huhn bei der Handkontrolle untersucht. Federlinge fressen die Federn unserer Hühner an. Die Fraßspuren kann man deutlich erkennen. Es gibt Spot-ons, Pulver und Sprays gegen Federlinge.

Krankheiten

Geflügelpest

Die Geflügelpest (= Vogelgrippe, Aviäre Influenza) ist eine hochansteckende Viruskrankheit, die bei einigen Vogelarten auftritt. Bei Hühnern und Puten werden die höchsten Erkrankungs- und Sterberaten beobachtet.

Der Erreger der Geflügelpest ist ein Influenzavirus A der Familie Orthomyxoviridae, die typischerweise eine hohe Variabilität zeigen, also sich ständig verändern können. So müssen sich auch grippeimpfungswillige Menschen jeden Winter neu gegen den vermutlich neu eintreffenden Grippevirustyp impfen lassen.

Für die Geflügelpest gibt es gesetzliche Regelungen, die Geflügelpestschutzverordnung, da die Gefahr besteht, dass bei engem Kontakt mit krankem Geflügel das Virus mutieren und dann auch für Säugetiere gefährlich werden kann. Es würde von einer zoonotisch Aviären Influenza gesprochen werden, aus der sich im allerschlimmsten Fall eine Pandemie entwickeln könnte. Vor Jahren hat die Europäische Union entschieden, dass sie Ausbrüche der Geflügelpest beobachten und die erkrankten Bestände „seuchenunschädlich" vernichten möchte. Eine Impfung und auch Heilversuche sind daher verboten. Ausnahmen davon sind für z. B. Zoos und wissenschaftliche Forschung möglich. Mittlerweile sind Impfstoffe verfügbar. Zum einen müsste aber das EU-Recht dafür geändert werden (so etwas kann sich Jahre bis Jahrzehnte hinziehen) und zum anderen ruft die gewinnmaximierende Geflügelindustrie nach einem Impfstoff, der mit einem Tracer/Marker (= eine Art interne „Markierung“) versehen ist. Der Grund dafür ist der Fleischabsatzmarkt in China. Auch China hat große Sorgen mit der Geflügelpest und verbietet daher nach meinem Kenntnisstand die Einfuhr von gegen die Geflügelpest geimpftem Geflügel. Ohne Marker kann nämlich nicht festgestellt werden, ob eine möglicherweise gefährliche Infektion mit Geflügelpest vorliegt oder ob es nur die Impfung ist. Die Geldgier fordert also abermals ihren Tribut am Tierwohl und so werden in jedem Winterhalbjahr in Europa viele Millionen Hühner und Puten gekeult und (hoffentlich) „seuchenunschädlich“ entsorgt.

In Polen kam es im Winter 2023/24 bei etlichen Hauskatzen ohne Freigang zu Todesfällen durch die Geflügelpest. Meine persönliche Schlussfolgerung dazu ist, dass erkranktes Geflügel zu Katzenfutter verarbeitet wurde. Im Frühjahr 2024 gab es in den USA Milchviehbetriebe, bei denen die Geflügelpest im Euter und der Milch auftrat. Auch Mitarbeiter dieser Betriebe haben sich angesteckt, hatten aber, anders

Hier werden in Südkorea an der Geflügelpest gestorbene oder gekeulte (meist vergast) braune Legehybridhennen entsorgt. Quelle: © Stock for you/Shutterstock.com.

Diese auch wieder etwas räudig aussehende Henne wurde dem Model für das Foto sehr wahrscheinlich nur kurz in die Hände gedrückt. Bitte während des Geflügelpestgeschehens im Winter nicht mit kränkelnden Hühnern schmusen. Quelle: © Tibanna79/ Shutterstock.com.

als einige Menschen in China, nur einen sehr milden Krankheitsverlauf. China dokumentiert mehrere Hundert menschliche Todesfälle in den vergangenen zwanzig Jahren mit/an Geflügelpest. Eine bestätigte nennenswerte Weiterverbreitung von Mensch zu Mensch stellt die Weltgesundheitsorganisation World Health Organisation (WHO) bislang nicht fest. Also: Bitte auf keinen Fall mit kranken Hühnern kuscheln oder gar schmusen und Küsschen geben!

Dass in den Jahren 2010 bis 2014 in China 55 % der an Geflügelpest erkrankten Menschen starben und in den USA in 2024 alle nur einen milden Krankheitsverlauf erlebten, liegt an den vielen unterschiedlichen Subtypen der Geflügelpest. Grob gibt es die zwei Gruppen: wenig pathogene (wenig krankmachend, Low Pathogen Avian Influenza = LPAIV (V=Virus)) und die hoch pathogene (stark krankmachend, HPAIV). Nur die HPAIV der Subtypen H5 oder H7 wird offiziell als Geflügelpest bezeichnet.

Was hat es mit den Bezeichnungen H5N8, H7N9 auf sich? So werden die verschiedenen Subtypen bezeichnet. Die Influenzaviren haben zwei Oberflächenproteine:

das Hämagglutinin (= H)
die Neuraminidase (= N)

Diese Proteine können in unterschiedlichen Varianten vorkommen. Die Struktur der H und N bestimmen den Namen, z. B. H5N8. H ist möglich von 1 bis 18 in Kombination mit N von 1 bis 11. Diese Oberflächenproteine sind für die Wechselwirkung des Virus mit den Zellen der Wirte verantwortlich, bestimmen also, wie gut die Viren in die Körperzellen eindringen können.

Die Oberflächenproteine verändern sich und so entstehen neue Varianten, die die Wirtsabwehr der Vögel umgehen können, oder dann sogar andere Wirte (Schweine, Hunde, Katzen, Meeressäuger und auch Menschen) infizieren können.

Die Spanische Grippe in den Jahren 1918 und 1920 war eine H1N1-Variante und forderte etwa 50 Millionen menschliche Todesopfer.

Übertragung

Infizierte Vögel scheiden das Virus mit dem Kot und dem Nasen- und Augenschleim aus. Auch die Eier können das Virus enthalten. Teils wird auch die Luft als Verbreitungsweg genannt. Ich bin mir sicher, hier ist aufgewirbelter Kot-Staub gemeint. Oder virusbelastete Schleimtröpfchen, die möglicherweise je nach Windlage wenige Hundert Meter verweht werden könnten. Grippeviren können nur wenige Stunden in der Umwelt überleben. Es gilt: Je kälter es ist, desto länger können sie überleben. Daher erleben wir die Grippewellen immer im Winter.

Inkubationszeit bei Hühnern, die Zeit von der Ansteckung bis zum Ausbruch der Krankheit, also der ersten Symptome, beträgt nur einige Stunden bis wenige Tage.

Symptome der Geflügelgrippe bei Hühnern sind vielfältig und bis auf das letzte wenig typisch:

- stumpfes, gesträubtes Federkleid
- hohes Fieber
- Apathie = Teilnahmslosigkeit
- Appetitlosigkeit, Schwäche
- Atemnot, Niesen
- Ausfluss aus Augen und Schnabel

- wässrig-schleimiger grünlicher Durchfall
- zentralnervöse Störungen (abnorme Kopfhaltung, Gleichgewichtsstörungen)
- Wassereinlagerungen (Ödeme) am Kopf
- Blutstauung oder Unterhautblutungen mit blauroter Verfärbung an Kamm, Kehllappen und Füßen
- plötzliches Ausbleiben von Eiern
- **plötzlich auftretende massenhafte rasche Tode innerhalb von nur zwei bis drei Tagen!**

Verwechslungsgefahr

Die Geflügelpest könnte auch bei folgenden Krankheiten fälschlicherweise vermutet werden: Newcastle-Krankheit (= Atypische Geflügelpest); Geflügelcholera, Infektiöse Bronchitis (IB); Infektiöse Laryngotracheitis (ILT); Marek; Aviäre Encephalomyelitis, akute Vergiftungen, schwere Haltungsfehler (Überhitzung/Wassermangel).

Behandlung

Behandlungsversuche sind nach der Geflügelpestverordnung **verboten**. Es besteht Anzeigepflicht.

Im Geflügelpest-Sperrbezirk um einen Seuchenbetrieb gelten strenge Auflagen für alle Hühnerhalter. Quelle: © DesignRage/Shutterstock.com.

Stets aktuell bleiben

In Deutschland ist das Friedrich-Löffler-Institut das Bundesforschungsinstitut für Tiergesundheit. Auf der Webseite findet man stets aktuell Übersichtskarten der neusten und älteren Geflügelpestfälle in Deutschland und Europa. Alle paar Monate gibt es dort auch eine gut verständlich geschriebene, zusammenfassende und aktuelle Risikoeinschätzung zur Geflügelpest.

https://www.fli.de/de/aktuelles/tierseuchengeschehen/aviaere-influenza-ai-gefluegelpest/

Das jeweilige Veterinäramt vor Ort kann bei einem Ausbruch in der Region eine Aufstallpflicht verkünden. Diese gilt auch für privat gehaltene Hühner und tritt meist im November/Dezember in Kraft. Oft sind jedes Jahr wieder dieselben Regionen stark betroffen: Hotspots der Geflügelindustrie und Küstenregionen. Die Geflügelpest ist nämlich nur für bestimmte Vogelgruppen gefährlich. Andere

Ein Futterhaus im Winter mit Meisen ist spannend anzusehen und stellt auch keine Übertragungsgefahr für die Vogelgrippe dar. Sperlingsvögel sind nach § 1 der Geflügelpestschutzverordnung keine Wildvögel, da sie keine Rolle bei der Geflügelpest spielen. Quelle: © Nitr/Shutterstock.com.

Gruppen, z. B. Sperlingsvögel und Tauben, scheinen beinahe immun zu sein und wieder andere wie Enten und Gänse erkranken nur sehr leicht, scheiden das Virus aber aus und können es somit weiterverbreiten. In der Vergangenheit wurden daher die „Wildvögel" als der kritische Verbreitungsübeltäter angesehen. Daher gibt es einige allgemeine und spezielle „Biosicherheitsmaßnahmen" zur Bekämpfung

Ein Stockenten-Erpel mit zwei schönen Erpellocken am Schwanz. Enten erkranken meist nur minimal an der Geflügelpest und können sie daher weit verbreiten. Quelle: © ERIK Miheyeu/Shutterstock.com.

Auch Gänse erkranken nur leicht an der Geflügelpest und können sie daher über weite Strecken verbreiten. Ebenso gewichtig ist die Rolle des Menschen bei der Verbreitung der Geflügelpest durch Gerätschaften, Fahrzeuge, Futtermittel, Einstreu, Mist und Geflügel. Quelle: © PeopleImages.com - Yuri A/Shutterstock.com.

der Geflügelpest. Während der Stallpflicht dürfen die Hühner keinen Kontakt zu Wildvögeln haben. Leider liest nicht jeder den §1 in der Geflügelpestschutzverordnung. Dort sind nämlich die Wildvögel definiert und es sind **nicht** alle „wilden" Gartenvögel. Sämtliche Sperlingsvögel sind im Sinne der Verordnung keine Wildvögel. Spatz, Meise und Amsel stellen nämlich keine Gefahr bei der Verbreitung der Geflügelpest dar. Wenn man Freude daran hat, darf man also getrost weiter im Winter ein Futterhäuschen für Singvögel betreiben. Nur Stockenten und Wildgänse sollte man damit nicht anlocken!

Newcastle-Krankheit

Die Newcastle-Krankheit ist eine anzeigepflichtige Krankheit mit ähnlichen Symptomen wie die Geflügelpest. Leider wird sie daher auch als **Atypische Geflügelpest** bezeichnet. Leider, weil es dadurch immer wieder zu Verwirrung kommt: Der Erregervirus der Newcastle-Krankheit mutiert wenig und so gibt es eine hochwirksame Impfung, die in Deutschland **die einzige Pflichtimpfung** (seit 2005) **für Hühner** ist. Jedoch ist es (derzeit noch) verboten, gegen die klassische Geflügelpest zu impfen. Dennoch habe ich auf den Flyern von mobilen

Ein an Newcastle erkranktes Huhn mit zentralnervösen Störungen wirft den Kopf verdreht in den Nacken. Quelle: © tupaiterbang/ Shutterstock.com

Hybridhühnerhändlern gelesen, dass ihr Geflügel angeblich gegen die Geflügelpest geimpft sei. Käufer werden hier komplett in die Irre geführt. Ich vermute, das geschieht eher aus Wissensmangel denn werbestrategisch-absichtlich.

Die Inkubationszeit der Newcastle-Krankheit beträgt vier bis sechs Tage. Die Viren befallen die Lunge, den Darm und das Zentralnervensystem. Nach den ersten Symptomen ist die Sterblichkeit bei Hühnern nach etwa fünf weiteren Tagen sehr hoch. Es gibt keine wirksamen Behandlungsmöglichkeiten.

Marekshe Krankheit

Die Mareksche Geflügellähme ist die Krankheit, vor der ich große Angst habe, sobald ich daran erinnert werde, dass es so etwas Hinterhältiges gibt: Es ist eine Herpes-Viruserkrankung, bei der die Ansteckung bereits bei Küken oder Junghühnern erfolgt, die aber erst viele Wochen später kurz vor der vollendeten Geschlechtsreife (etwa sechzehn bis 21 Wochen alte Junghühner) mit schrecklichen Symptomen ausbricht. Die Krankheit befällt das Gehirn und das Nervensystem. An verschiedenen Stellen im ganzen Körper können sich Tumore bilden. Es gibt diverse motorische Anzeichen (Bewegungsstörungen) von hängenden Flügeln, den Kopf zuckend in den Nacken verdrehend über einen unsicheren Gang mit eingeknickten Beinen, bis oft ein Bein nach hinten und das andere nach vorne zeigt und das Huhn nicht mehr laufen kann. Es gibt eine Impfung, die aber am ersten Lebenstag nur bei Kunstbrut-Küken erfolgen kann. Die Marek-Impfung wird nur von sehr wenigen Tierärzten angeboten, da der Impfstoff eine geschlossene Kühlkette verlangt. Es gibt keine Behandlung gegen die Mareksche Lähme. Die Viren werden über Federfollikelstaub und alles, dem Federstaub anhaften kann, übertragen: Federn, Einstreu, Geräte, Kot, Dreck an Bruteiern.

Infektiöse Bronchitis

Der Erreger der Infektiösen Bronchitis (IB) gehört in die Familie der Coronaviren. Das Virus kann über größere Entfernungen mit Staubpartikeln und Tröpfchen über die Luft übertragen werden. Die

Inkubationszeit ist mit achtzehn bis 36 Stunden sehr kurz. Der Atmungstrakt, die Nieren und der Legeapparat werden in Mitleidenschaft gezogen. Deformierte Eier sowie Zysten im Bereich des Eileiters können auftreten. Je nach Alter und Gesundheitszustand der befallenen Hühner kann die Infektion mit nur milden Symptomen von selbst abklingen oder auch Verluste von bis zu 25 % verursachen. Es gibt eine Impfung gegen IB, sogar in Kombination mit der Impfung gegen die Newcastle-Krankheit. Diese wird oft von den Rassegeflügelzuchtvereinen im wiederkehrenden Rhythmus als Trinkwasserschluckimpfung an die Mitglieder ausgegeben.

Verhaltensstörungen

Federpicken

Wenn sich die Hühner gegenseitig oder sich selbst die Federn picken, herausziehen und auffressen, ist das ein Alarmsignal für eine Verhaltensstörung, das man als Hilferuf der Hühner verstehen sollte. Dies wird oft durch Stress ausgelöst und kann eine Vorstufe von Kannibalismus sein. Oft ist die Besatzdichte viel zu hoch und/oder die Gruppengröße zu groß (weit über hundert). Eventuell ist das Stallklima suboptimal, zu warm oder es gibt nicht ausreichend Frischluft. Bei gestressten Tieren in einer Halle kann auch die Sonneneinstrahlung durch ein Fenster das Federpicken auslösen oder verstärken. Im Futter könnten zu wenig Rohfasern, Aminosäuren, Natrium oder Magnesium vorhanden sein. Ein Topf mit Margarine soll eine gute Sofortnotfallhilfe sein. Falls noch nicht vorhanden (eventuell in der Aufstallpflicht, also ohne Auslaufnutzung), sollte unbedingt Beschäftigungsmaterial zur Verfügung stehen: scharrfähige Einstreu, Picksteine, Grünfutternetze, Luzerneballen, ganze Möhren etc.

Eier verlegen

Legt man ein Fake-Ei mit ins Nest, ist das für die Hühner das optische Signal, dass sie dort am besten ihr eigenes Ei dazulegen. Die Hennen „denken“ dann: „Wenn genug Eier da zusammengekommen sind, wird

Ein wild angelegtes Nest mit einigen Eiern im Auslauf unter einem Busch. Hier wollte eine Henne brüten.

sich eine von uns als Glucke outen und dann für uns alle brüten.“ Es kann aber gerade bei jungen Hennen vorkommen, dass sie selbst ein Nest im Auslauf anlegen möchten. Das ist oft etwas versteckt oder benötigt sogar einen kurzen Ausbruch aus dem abgesteckten Auslauf. Im Sommer kann ein starker Milbenbefall das Nest im Stall unzumutbar machen, sodass nach Alternativen gesucht wird. Geht man ab und an den Auslauf ab, so kann man die versteckten wilden Gelege finden, ausräumen und derart mit Ästen oder Steinen verbauen, dass diese nicht mehr genutzt werden können.

Raubtiere

Nicht nur in den Dörfern oder Stadtrandgebieten, sondern auch in den Innenstädten gibt es Raubtiere, die unsere Hühner als Nahrungsangebot wahrnehmen. Das sind hauptsächlich Füchse, Marder und Waschbären. Diese haben im März bis April selbst Nachwuchs und der Druck, Futter zu beschaffen, ist in den Monaten besonders groß. Normalerweise schlagen diese Tiere nachts zu. Füchse werden aber auch am Tag aktiv, wenn sie sich sicher fühlen. Unsere Hühner können wir dadurch schützen, dass sie in der Nacht in einem sicher

Der Fuchs hat sich eine braune Legehybridhenne genommen. Quelle: © WildlifeWorld/Shutterstock.com

Der Marder hat ein Zwerghuhn mitgenommen. Quelle: © Soumyajit Nandy/Shutterstock.com

Waschbären sind sehr geschickt mit ihren kleinen Händen. Dieser hier plündert Essbares aus der Biotonne. Quelle: © DeVerviers/Shutterstock.com

Der Habicht hat ein Huhn geschlagen. Für ihn ist es zu schwer zum Mitnehmen. Er muss dort fressen. Die Federn liegen dann meist im Kreis etwa einen Meter breit verstreut. Findet man das Huhn nicht abends, können die Reste nachts auch von anderen Tieren mitgeschleppt werden. Quelle: © Guy J. Sagi/Shutterstock.com

verschlossenen Stall eingesperrt sind. Zusätzlich kann ein Elektrostromzaun installiert werden. Gegen Raubvogelangriffe kann der Auslauf mit einem Netz überhängt werden.

Hunde

Wolfgang züchtet die Zwerg-Barnevelder (in Schwarz-braun-Doppeltgesäumt) und wohnt im Dorf neben dem Spielplatz. Er war nur zwanzig Minuten weg und das Tor in den Garten stand offen. Die Hühnerställe und Ausläufe befinden sich hinten im Garten. Auf dem Spielplatz läuft manchmal ein alter Labrador mit Arthrose. Als Wolfgang nach Hause kommt, erwischt er diesen Labrador zwischen seinen aufgeregten Hühnern im Auslauf in seinem Garten. Vier Hennen und ein Hahn liegen tot da. Der Hund humpelt davon. Wolfgang ist aber der

Unser Labrador Watson und die Hühner kennen sich, hier besteht keine Gefahr.

Besitzer bekannt und so erklärt er ihm, dass es Rassetiere waren, die er jeweils für circa 40 Euro hätte verkaufen können. Die Versicherung zahlt innerhalb weniger Tage nach Sichtung der Beweisfotos der toten Hühner die Summe an Wolfgang aus. Nur ein kleiner Trost, da gerade der Hahn von einem besonderen (blauen) Farbschlag war, den der Züchter gerne mal probiert hätte.

Dem eigenen Hund kann man leicht beibringen, dass die Hühner keine erlaubten Beutetiere sind, genauso wie die Sportschuhe vorne im Eingangsbereich tabu sind.

Fremde Hunde können allerdings ein Risiko für Hühner darstellen.

Katzen

Die allermeisten Katzen sind zu klein, um normalgroßen Hühnern gefährlich werden zu können. Für Küken, kleine Jungtiere und kleine Zwerghühner besteht aber durchaus leider die Gefahr, einer Katze zum Opfer zu fallen.

Die Katze beobachtet die Hühner. Die Hühner sind bemüht, die Katze erst mal zu ignorieren. © Edward Westmacott/Shutterstock.com

Ratten

Eine regelmäßige Schadnagerbekämpfung ist eine der „Biosicherheitsmaßnahmen", die sich aus der Geflügelpestschutzverordnung ergeben. Kommt man, aus welchen Gründen auch immer, zeitweise nicht gegen die Ratten im Stall und Auslauf an, so kann es nachts passieren, dass die Ratten die schlafenden Hühner an den Beinen

Zuchtfreund Uwe berichtet mir, dass seine Mechelner Hühner den Ratten nachstellen, diese hacken; und er will sogar beobachtet haben, wie ein Mechelner Hahn eine Ratte verschlungen hat. Quelle: © torook/Shutterstock.com

annagen und dann versuchen, sie mit in ihr Versteck zu ziehen. Daher keine Futterreste im Auslauf liegen lassen, das Futter fest verschlossen oder unerreichbar für Ratten aufbewahren. Am besten den Ratten auch keine baulichen Versteckmöglichkeiten wie Doppelwand-Bauweise und Dämmung des Stalls anbieten. Mäuse lassen sich recht einfach mit Schlagfallen bekämpfen, bei Ratten klappt das fast nie. Gift ist leider die „beste“ Option, wenn man bereits Ratten bei den Hühnern hat.

Abschluss

Nach meinen Überschlagsberechnungen wird das durchschnittliche Huhn in Deutschland gerade mal 55 Tage alt. Die unzähligen Masthybridhühner und die Hähne der Legehybridhennen sind der Grund, warum die Lebensdauer so gering ausfällt. Die Legehybridhennen werden im Mittel zwanzig Monate alt, bis sie als organische Schläuche, in die man vorne Futter gibt, damit hinten Eier herauskommen, ausgedient haben. Rasse- und Gartenhühner in den privaten Gärten werden oft drei bis fünf Jahre alt. Bei guter Genetik und Pflege auch deutlich älter. Das bestätigte weltweit älteste Huhn (Muffy, Red Quill Game fowl) ist 23 Jahre alt geworden.

Ein American-Game-Fowl-Hahn, eng verwandt mit dem Red Quill Game Fowl, der Rasse, zu der das bislang älteste Huhn Muffy, bestätigt durch das Guinness-Buch der Rekorde, gehört. Quelle: © The Jungle Explorer/Shutterstock.com.

Die private Hühnerhaltung im Garten zu beflügeln ist meine Mission. Ich zeige Anfängern einen Weg durch den Wirrwarr der zum Teil irreführenden und widersprüchlichen Fehlinformationen über Hühner. Eine artgerechte Haltung mit überschaubarem Aufwand und langfristiger Freude ist für euch als Leser dieses Buches in greifbarer Nähe. Lasst euch die Chance nicht entgehen, ihr werdet es nicht bereuen. Im Namen eurer Hühner möchte ich mich hier herzlichst für euer Engagement für mehr glückliche Hühner bedanken.

Meine persönlichen Highlights in diesem Buch:

Das maßstabsgetreue 1:1-Foto von der Henne, das zeigt, wie wenig Platz 600 Millionen Hühner jedes Jahr in Deutschland nach Tierschutz-Nutztierhaltungsverordnung zur Verfügung haben.

Immer wieder faszinierend ist, dass nicht alle Dinosaurier ausgestorben sind und die Vögel, insbesondere unsere eigenen Hühner im Garten, die Weiterentwicklung aus den Dinosauriern sind.

Das Kapitel „Evolution und die Entwicklung der Haushühner" wollte ich am Schreibstart am liebsten komplett streichen. Die Recherche zu den Urhühnern, Darwin und Mendel hat mich dann aber regelrecht in einen Bann gezogen und ich bin tief berührt von den menschlichen Verstrickungen in der Wissenschaftsgeschichte. Ein wenig stolz bin ich sogar darüber, dass ich anhand der neuen Veröffentlichungen im Nature Journal mit der Geschichte um das angeblich alleinige Bankiva-Urhuhn aufräumen konnte.

Im Anatomiekapitel war für mich besonders die Erkenntnis über die kalziumzwischenspeichernden Knochen insofern neu, da die Hühner darüber eine schnell verfügbare Kalziumquelle haben. Ich bin dabei bislang von einem Prozess ausgegangen, der sich über Wochen schleichend zieht, nicht aber, dass die Hühner in der späten Nacht, wenn aus der bereits ausgezehrten Nahrung kein Kalzium für die Eierschalen mehr da ist, das Kalzium kurzfristig aus den Knochen lösen (Knochenbrüche und Osteoporose bei den Legehybriden lassen grüßen). Dadurch wird auch auf die Mauser noch mal ein neues Licht geworfen, da nicht nur die Federn erneuert werden. Nein, auch der Legeapparat und die Knochen werden wieder fit gemacht.

Durch das Schreiben vom Kapitel zur Ernährung wurde mir schlagartig bewusst, dass ich viel zu großzügig mit der Gabe von Flüssigvitaminen ins Trinkwasser umgegangen bin. Die fettlöslichen Vitamine E, D, K, A kann man überdosieren und somit den Hühnern mehr schaden als helfen.

Im Kapitel über die Verhaltensweisen wird klargestellt, dass „du dummes Huhn" auf genau denjenigen zutrifft, der es ausspricht im Glauben, Hühner seien nicht zu beeindruckenden kognitiven Leistungen fähig.

Das Kapitel über die Rassen habe ich zuerst geschrieben, ein Steckenpferd von mir. Würde sich die Ausbildung zum Rassegeflügel-Preisrichter nur nicht über mehrere Jahre hinziehen – würde ich noch dieses Jahr damit starten.

Die Schritt für Schritt Stallbauanleitung ist in Kooperation mit einem Architekten, Klemens Sauer, entstanden. Zahlreiche, zum Teil energische Diskussionen, haben zu diesem optimierten Ergebnis geführt. Danke, Papa!

Das kurze Kapitel über die Küken ist absolutes Alleinstellungsmerkmal für ein Hühnerbuch. In jedem anderen Buch hättet ihr als Kapitel eine (wahrscheinlich unzureichende) Anleitung über das Ausbrüten von Hühnerküken bekommen. Auch für dieses Buch war das ursprünglich so angedacht. Mit meinen Argumenten konnte ich die Entscheider im Verlag aber überzeugen, dass es, so erbarmungslos ehrlich es auch erscheinen mag, für Anfänger besser so ist, wie es jetzt ist.

Im Eierkapitel wurde der Mythos um die nach Fisch stinkenden Eier gelüftet. Billiges Fischmehl im Futter ist tatsächlich nicht die Ursache.

Das Kapitel über Gesundheit und Krankheiten war für mich das anstrengendste. Mein Vorwissen war schon sehr groß, trotzdem habe ich jeweils noch mal neu in Fachbüchern nachgelesen und im Internet recherchiert. Die typischen Krankheitsbilder sind nicht schön. Aufgeschnittene Hühner und entartete Innereien habe ich euch (nicht mir) erspart. Der Überblick, was man den Hühnern ansieht, wie man einen Gesundheitscheck am Tier durchführt, was man am Kot und an seltsamen Eiern erkennen kann, ist für Anfänger in diesem Buch zum Nachschlagen hoffentlich sehr wertvoll.

Danke!

Mein persönlicher Dank gilt all meinen Geflügelfreunden: online über die YouTube-Community und offline im Rassegeflügelzuchtverein Göttingen und darüber hinaus. Herausheben darf ich dabei meine Lehrmeister Edu, Alfred, Jonas und Ralf.

Ohne den Eulogia Verlag würde dieses Buch jetzt nicht vor euch liegen. Daher möchte ich mich ebenso bei Daniel, Sandra, Finn und Tomasz bedanken, die alle ihren Teil zum Gelingen beigetragen haben.

Mit dieser Buchveröffentlichung hoffe ich, meine Arbeit für mehr Hühnerwohl endlich wirtschaftlich nachhaltig gestalten zu können. Also kauft gerne gleich auch ein zweites Exemplar zum Verschenken und schreibt eine wohlwollende Online-Rezension. Währenddessen werde ich weiterhin mit großem Einsatz kostenlos zugängliche Videos für meinen YouTube-Kanal *Dinosauer* produzieren.

https://www.youtube.com/@Dinosauer

Ebenfalls ist in mir der Wunsch gereift, Hühnerinteressierte, Anfänger, Halter auf dem Weg zum Züchter und Zuchtanfänger noch direkter zu unterstützen. Das werden Online-Video-Kurse sein mit zusätzlichen Geschichten, Informationen, Updates und Ergänzungen auch zu diesem Buch. Gerne möchte ich auch Feedback einsammeln (E-Mail: Huhn@dinosauer.de) und, sofern es zeitlich möglich ist,

Online-Veranstaltungen zum direkten Austausch anbieten. Das alles ist zum Zeitpunkt jetzt (Oktober 2024) noch in der Vorbereitung.

Sobald es dazu Neuigkeiten gibt, könnt ihr das hier einsehen:

https://eulogiaverlag.de/author_info/1721288512062x162223518073007400

Ich wünsche euch gutes Gelingen und viel Freude mit euren Hühnern!

Euer Dr. Bene

Auf dem Coverbild haben wir mit einer Bielefelder Henne gestartet, schließen wir nun mit einem Bielefelder Hahn ab. Ich bin sehr gespannt, ob sie in Zukunft meine Lieblingsrasse werden. Sie sind auf einem sehr guten Weg dahin. Den Hahn habe ich gestern im Alter von knapp sieben Monaten zum ersten Mal krähen gehört. Es ist genauso, wie ich mir ein gelegentliches tiefes, angenehmes Krähen wünsche.

Bibliografische Information der Deutschen Nationalbibliothek.

Die Deutsche Nationalbibliothek verzeichnet diese Publikation in der Deutschen Nationalbibliografie; detaillierte bibliografische Daten sind im Internet über http://dnb.dnb.de abrufbar.

Für Fragen und Anregungen:
info@eulogiaverlag.de

ISBN Softcover: 978-3-96967-461-1
ISBN eBook: 978-3-96967-462-8

Originale Erstausgabe 2024

Eulogia Verlags GmbH
Gerhofstraße 1–3
20354 Hamburg

Lektorat: Sandra Pichler
Satz und Layout: Tomasz Dębowski
Covergestaltung: Aleksandar Petrović

Haftungsausschluss:
Die in diesem Buch enthaltenen Empfehlungen und Angaben sind vom Autor mit größter Sorgfalt zusammengestellt und geprüft worden. Eine Garantie für die Richtigkeit der Angaben kann aber nicht gegeben werden. Autor und Verlag übernehmen keinerlei Haftung für Schäden und Unfälle.

Liebe Leserin, lieber Leser,

hat Ihnen dieses Buch gefallen?
Ihr Feedback, Ihre Anregungen und Ihre Kritik bedeuten uns viel, denn sie helfen uns, unsere Bücher kontinuierlich zu verbessern.

Die Meinung und Zufriedenheit unserer geschätzten Leserinnen und Leser stehen im Mittelpunkt unseres Schaffens. Ihre Gedanken sind uns wichtig.

Zögern Sie daher nicht, uns zu kontaktieren und Ihre Gedanken mit uns zu teilen. Senden Sie uns einfach eine E-Mail an:
feedback@eulogiaverlag.de

Besuchen Sie auch gern unsere Verlagsseite und entdecken Sie weitere spannende Bücher unter:
www.eulogiaverlag.de

Wir sind gespannt auf Ihre Nachricht und freuen uns darauf, von Ihnen zu hören!

Herzlichst
Ihr **Eulogia Verlag**